焊接技能实训

韩闰劳　傅开武　编

机械工业出版社

本书结合国家中、高级焊工技能鉴定考核项目内容编写，注重于培养学员焊接基本操作技能。主要内容包括焊接安全及劳动保护、切割基础知识及基本操作、焊条电弧焊操作、CO_2 气体保护焊操作、手工钨极氩弧焊操作五个模块，并附有焊缝外观质量检验规范和焊缝外观检查项目及评分标准表。本书以图解的形式对各种常规的焊接操作方法做了较为详细的讲解，并对在练习过程中较难掌握的操作方法做了针对性的分析说明，具有较强的实用性。

　　本书可作为焊接技能培训机构的培训教材，也可作为大专院校焊接类专业学生的实训教材，还可供焊接工程技术人员参考。

图书在版编目（CIP）数据

焊接技能实训/韩闰劳，傅开武编. —北京：机械工业出版社，2019.3（2020.10重印）
ISBN 978-7-111-61848-5

Ⅰ.①焊… Ⅱ.①韩… ②傅… Ⅲ.①焊接 Ⅳ.①TG4

中国版本图书馆 CIP 数据核字（2019）第 011738 号

机械工业出版社（北京市百万庄大街 22 号　邮政编码 100037）
策划编辑：吕德齐　责任编辑：吕德齐
责任校对：李　杉　封面设计：鞠　杨
责任印制：李　昂
唐山三艺印务有限公司印刷
2020 年 10 月第 1 版第 3 次印刷
169mm×239mm · 9.75 印张 · 200 千字
4001—6500 册
标准书号：ISBN 978-7-111-61848-5
定价：39.00 元

序

韩闰劳和傅开武同志凭借多年的教学经验，借鉴了大量的参考资料，结合国家中、高级焊工技能鉴定考核项目内容编写了《焊接技能实训》一书。

该书系统地阐述了焊工最常用的切割、焊条电弧焊、CO_2气体保护焊和手工钨极氩弧焊的操作练习方法。书中也陈述了焊接劳动安全保护的内容，附录中还给出了有关焊缝外观质量检验及评分标准。因此，该书是一本实用的焊工技能培训教材。

该书图表丰富、语言简明扼要。相信通过实践操作练习，学员能够熟练、准确地掌握焊接常用的操作技能。

该书可作为焊接技能培训机构的培训教材，也可作为大专院校焊接类专业学生的实训教材和高校金工实践教学用书，也是焊接工程技术人员非常有价值的参考书。

陈剑虹

前言

　　为了更好地适应社会对焊接人才的需求，提升焊接学员的操作技能，我们吸收和借鉴了多本参考资料和各地成功的教学经验，编写了《焊接技能实训》一书。

　　本书包括焊接安全及劳动保护、切割基础知识及基本操作、焊条电弧焊操作、CO_2 气体保护焊操作、手工钨极氩弧焊操作五个模块，并附有焊缝外观质量检验规范和焊缝外观检查项目及评分标准表，供学员在焊接练习时自检使用。

　　在焊条电弧焊操作、CO_2 气体保护焊操作和手工钨极氩弧焊操作模块中，以图解的形式对各种常规的焊接操作方法做了较为详细的讲解，分设了多个操作练习单元进行解析。在版面编排和形式上尽量做到层次清楚、图文并茂、形象直观、文字简明。

　　本书系统地介绍了各种焊接操作方法，目的是使学员在学习焊接基础知识的同时，以基本功训练为重点，不断提高技能操作水平，以适应职业技能鉴定和生产实践的要求。

　　本书可作为焊接技能培训机构学员培训和考证的培训教材，也可作为大专院校焊接类专业学生的实训教材及焊接工程技术人员的参考用书。

　　由于客观条件和编写水平有限，书中难免有不足之处，敬请广大读者批评指正。

编　者

目录

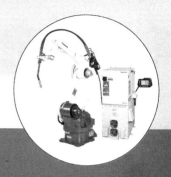

模块一

焊接安全及劳动保护

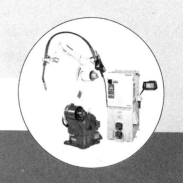

　　焊接是机械制造技术的重要组成部分，应用广泛，发展迅速。焊接过程中会产生有害气体、烟尘、强烈弧光、高频电磁场、噪声及放射物质等，这些有害物质对人体的呼吸系统、皮肤、眼睛及神经系统等会造成不良影响。焊工有时会在易燃易爆气体、明火、高空等作业环境下进行焊接作业，有可能发生爆炸、火灾、触电、烫伤和高处坠落等事故。为了保护自身安全和身体健康，焊工必须掌握焊接安全操作基本知识，正确地使用劳动防护用品，提高安全意识，规范操作，以应对在焊接过程中可能发生的安全事故和职业危害。

一、个人防护

（一）个人防护用品

　　所谓个人防护用品，就是保护工人在劳动过程中安全和健康所需要的、必不可少的个人预防和保护性用品。焊工在各种焊接与切割中，必须要按规定佩戴防护用品，以防止上述有害气体、焊接烟尘、弧光等对人体的危害及安全事故的发生。

（二）个人防护用具

1. 防护面罩及头盔

　　焊接防护面罩及头盔是一种可避免焊接熔融金属飞溅物对焊工面部及颈部烫伤，同时通过滤光镜片保护眼睛的一种个人防护用品。最常用的面罩有手持式面罩和头盔式面罩两种。面罩和头盔的壳体应选用难燃或不燃的且无刺激皮肤的绝缘材料制成。罩体应遮住脸面和耳部，结构牢靠。面罩上应镶有防弧光辐射的镜片，且不能漏光。

2. 焊接防护镜片

　　焊接弧光的主要成分是紫外线、可见光和红外线，对人的眼睛危害最大的是紫外线和红外线。防护镜片的作用是适当地透过可见光，使操作人员既能观察熔池，又能将紫外线和红外线过滤减弱到允许值以下，最大限度地降低对焊工眼睛的危害。防护镜片有吸收式滤光镜片、反射式防护镜片和变色护目镜片等。

3. 护目镜

　　护目镜由黑玻璃和白玻璃两层组成，除了有滤光作用外，还应满足不能因镜框受热造成镜片脱落，接触人体面部的部分不能有锐角，接触皮肤的部分不能用有毒材料制作等要求。

4. 防尘口罩及防毒面具

焊工在焊接、切割作业时，当采用整体或局部通风不能使烟尘浓度降低到卫生标准以下时，必须选用合适的防尘口罩或防毒面具。

5. 噪声防护用具

国家标准规定，若噪声超过 85dB 就应采用隔声、消声、减振和阻尼等控制技术。当采取措施仍不能把噪声降低到允许标准以下时，操作者应采用个人噪声防护用具，如耳塞、耳罩或防噪声头盔等。

6. 安全帽

在高空交叉作业现场，为了预防高空和外界飞来物的危害，焊工必须佩戴安全帽。焊工用的安全帽必须符合 GB 2811—2007《安全帽》的要求。安全帽使用时应注意：使用前应检查并确认安全帽各部件完好无损，使用时要将下颌带和后帽箍拴系牢固，以防安全帽滑落。安全帽使用超过规定期限或受到较重的冲击后，应予以更换。

7. 防护服

焊接用防护工作服，主要起隔热、反射和吸收等屏蔽作用，以保护人体免受焊接热辐射或飞溅物伤害。

焊工工作服的种类很多，最常见的是棉白帆布工作服。白色对弧光有反射作用，棉白帆布有隔热、耐磨、不易燃、可防止烫伤等作用。焊接和切割工作服不能用合成纤维织物缝制。工作服的口袋应有袋盖，工作服上身应遮住腰部，裤长应罩住鞋面，工作服上不应有破损、孔洞和缝隙，不允许沾有油、脂等易燃物质。

8. 焊工手套

焊工防护手套一般为牛（猪）革制或棉帆布和皮革合成材料制成，长度一般不应小于 300mm。焊工手套应具有绝缘、耐辐射、抗热、耐磨、不易燃烧和阻止高温金属飞溅物烫伤等作用，焊工在可能导电的焊接场所作业时，所用的手套必须用具有绝缘性能的材料（或附加绝缘层）制成，并经耐电压 5000V 试验合格后方能使用。焊工在进行焊接操作时，必须佩戴好规定的防护手套，杜绝戴有破损和潮湿的手套进行焊接操作。

9. 工作鞋及鞋盖

焊工防护鞋应具有绝缘、抗热、不易燃、耐磨和防滑等作用，鞋底要经 5000V 耐电压试验（不击穿）后方能使用，在易燃场合焊接时，鞋底不应有鞋钉，以免产生火星。在有积水的地面焊接切割时，焊工应穿用经过耐电压 6000V 试验合格的防水橡胶鞋。

10. 安全带

为了防止焊工在登高作业时发生坠落事故，必须使用符合国家标准 GB 6095—

2009《安全带》的安全带。使用前应检查安全带各部件是否完好无损，以确保人身安全，防患于未然。

11. 移动式照明灯具的电源线

应采用橡胶套绝缘电缆，导线应完好无破损，灯具开关无漏电隐患，电压应根据工作现场情况确定或用12V的安全电压，灯具的灯泡应有金属网罩防护。

二、安全用电及防火、防爆

不同的焊接方法对焊接电源的电压（产生电弧前焊钳或焊枪与焊件之间的电压）、电流等参数的要求不同，我国目前生产的焊条电弧焊机的空载电压限制在90V以下，工作电压为25～40V；自动电弧焊机的空载电压为70～90V；氩弧焊、CO_2气体保护焊的空载电压是65V左右；等离子弧切割电源的空载电压高达300～450V，超出安全电压（安全电压额定值等级为42V、36V、24V、12V、6V）。所有焊接电源的输入电压为220/380V，都是50Hz的工频交流电；使用温度一般为−25～40℃；相对湿度不大于90%。焊接操作过程中，如果焊工不按规范操作，随时都有触电的危险，所以必须学会安全用电，以保护自身安全。

（一）安全用电

1. 电对人体的伤害

电对人体有三种类型的伤害：电击、电伤和电磁场生理伤害。

电击是指电流通过人体内部，从而破坏心脏、肺部或神经系统的功能的伤害。

电伤是指电对人体外部造成的局部伤害，如接通电流加热工件的火星飞溅到皮肤上引起的烧伤。

电磁场生理伤害是指在高频电磁场作用下，使人产生头晕、乏力、记忆力衰退、失眠多梦等神经系统的症状。

2. 焊接操作时造成触电的原因

（1）直接触电　多发生在以下情形：

1）更换焊条、电极和焊接过程中，焊工的手或身体接触到焊条、电焊钳或焊枪的带电部分，而脚或身体其他部位与地或工件间无绝缘防护。焊工在金属容器、管道、锅炉、船舱或金属结构内部施工，或当人体大量出汗、阴雨天以及在潮湿地方进行焊接作业时，特别容易发生这种触电事故。

2）擅自接线过程中，接线工作必须要由电工进行，焊工不得擅自进行接线，以避免安全事故的发生。

3）在登高焊接时，碰上低压线路或靠近高压电源线引起触电事故。

（2）间接触电　多发生在以下情形：

1）焊接设备的绝缘烧损、振动或机械损伤，使绝缘损坏部位碰到机壳，而人碰到机壳引起触电。

2）焊接操作时，人体碰上了绝缘破损的电缆、胶木电闸带电的部分等。

3. 安全用电注意事项

1）焊工焊接操作时必须穿戴劳保用品。

2）焊工在拉、合电闸或接触带电物体时，必须单手进行操作。因为双手拉、合闸或接触带电体，如发生触电，会通过人体心脏形成回路，导致触电者迅速死亡。

3）在焊接设备运行的过程中，严禁进行递线、手把线的接线操作，严禁带电移动焊接设备。

4）在容器内部施焊时，应采用 12V 电源照明。登高作业时，不准将焊接电缆缠绕在焊工身上或搭在背上。

4. 焊机电源线、焊机与焊钳和焊件连接电缆安全要求

1）焊机电源线长度一般不超过 3m，如果确需延长时，必须离地一定距离，严禁将焊机电源线拖在地面上。

2）焊机与焊钳连接电缆的长度应适中，太长会增大电压降，太短不利于操作，一般以不超过 20m 为宜。

3）焊接电缆线中间最好不要有接头，如需短线接长时，接头最多不超过两个，且必须坚固可靠，保证绝缘良好。

4）严禁利用金属构件或设施搭接作为导线使用。

5）不得将电缆放置在电弧附近或灼热的焊件旁。

（二）防火、防爆

1. 焊接现场发生火灾或爆炸的可能性

爆炸是指物质在瞬间以机械功的形式，释放出大量气体和能量的现象。焊接过程中可能发生可燃气体的爆炸、可燃液体的爆炸、可燃粉尘的爆炸、密闭容器的爆炸等事故。

（1）可燃气体的爆炸 工业生产中大量使用的可燃气体，如乙炔、天然气等，与氧气或空气均匀混合达到爆炸极限，遇到火源即发生爆炸。爆炸极限常用可燃气体在混合物中的体积分数来表示。例如，乙炔与空气混合爆炸极限为 2.2%～81%，乙炔与氧气混合爆炸极限为 2.8%～93%。

（2）可燃液体或可燃液体蒸气的爆炸 在焊接现场或附近放有可燃液体时，可燃液体或可燃液体的蒸气达到一定的浓度，遇到电焊火花即会发生爆炸。

（3）可燃粉尘的爆炸 悬浮于空气中的可燃粉尘，达到一定浓度时，遇到明火会发生爆炸。

（4）密闭容器的爆炸 密闭容器中的可燃气体、可燃液体、可燃粉尘等，在一定的温度和压力下会发生爆炸。

在焊接操作过程中，焊工应采取规范的应对措施，注意控制可燃气体和烟尘的浓度，以防火灾和爆炸等恶性事故发生。

2. 防火、防爆措施

1）焊接场地 10m 内禁止堆放贮存油类或其他易燃、易爆物质的贮存器皿（氧

气瓶、乙炔瓶等）或管线，场地内应备有消防器材，保证足够照明和良好通风。

2）对受压容器、密闭容器、各种油桶和管道或粘有可燃物质的工件进行焊接时，必须事先进行仔细检查，用冲洗等方法除掉有毒、有害、易燃易爆等物质，解除容器、管道压力和容器密闭状态，消除火灾爆炸危险后再进行焊接。焊接密闭空心工件时必须留有出气孔，管道焊接时两端不准堵塞。

3）在有易燃、易爆物的场所或附近进行焊接作业时，必须取得消防部门的同意，采取严格的隔离等安全措施，规范操作，防止安全事故的发生。

4）焊工不准在木板、木砖地上进行焊接作业。

5）焊工不准在手把或接地线裸露的情况下进行焊接，也不准将二次回路线乱接乱搭。

6）气焊、气割时，要使用合格的气体，压力表要定期校验，橡胶软管等要定期检查有无破损漏气现象。

7）不能用带有油脂的手套开启或关闭氧气瓶阀和减压器。

8）焊接作业完毕离开施工现场时，应关闭气源、电源，熄灭火种。

三、特殊环境焊接作业安全要求

特殊环境焊接是指在一般工业企业正规厂房以外的地方，如高空、野外、水下、容器内部等进行的焊接作业。在这些地方焊接时，除遵守一般焊接安全作业规范外，还要遵守一些特殊的规定。

（一）容器内的焊接

1）在容器内焊接时，容器内部空间不应过小，容器外部必须设专人进行监护，或者两人轮换工作。通风设施应良好，照明宜采用12V电源。禁止在已进行涂装或喷涂过的容器内进行焊接作业。

2）在容器内进行氩弧焊时，焊工应戴专用面罩，以减少臭氧及粉尘的危害，尽量不要在容器内进行焊接切割作业。

3）在已使用过的容器或贮罐内部进行焊接时，必须将原来内部残余的介质、痕迹清理干净。若该介质是易燃、易爆物质，必须进行严格化学清洗，并经检验确认无安全隐患后方能进行焊接作业。

4）进入容器内进行焊接前，应打开被焊容器的人孔、手孔、清扫孔等。

5）在容器内焊接时，焊工要特别注意加强个人防护，穿好工作服、绝缘鞋，戴好皮手套，有可能最好垫上绝缘垫。焊接电缆、焊钳的绝缘必须完好无损，无漏电现象。

（二）高空焊接作业

1）高空作业时，焊工必须系好安全带，戴好安全帽，同时，地面应有人进行监护。

2）高空作业时，焊接电缆线要绑紧在固定地点，不准缠在焊工身上或搭在背上。

3）严禁赤手更换焊条，应把更换的热焊条头放在固定的存放筒内，不准随意下扔。

4）焊接作业场所周围（特别是下方），应清除易燃、易爆物质。

5）不准在高压线旁进行焊接作业，若必须进行焊接作业时，应切断电源，并在电闸盒上挂上警示牌，并设专人监护。

6）高空作业时，不准使用高频引弧器。

7）雨天、雪天、雾天或刮大风时，严禁进行高空焊接作业。

8）高空作业遇到较高焊接位置，一定要重新搭设脚手架，然后进行焊接。

9）焊接操作完毕后，必须进行现场检查，确认无火源等安全隐患后才能离开。

（三）露天或野外作业的焊接

1）夏季在露天工作时，必须设有防雨棚或临时凉棚。

2）露天作业时应注意风向，以免熔渣或焊接、切割火花烫伤。

3）雨天、雪天或雾天不准露天进行焊接作业，在潮湿地带工作时，焊工应站在铺有绝缘物品的地方，并穿好绝缘鞋。

4）焊接作业时，应安设简易弧光遮挡板，以免伤害附近工作人员或行人眼睛。

5）夏天露天气割时，应防止氧气瓶、乙炔瓶直接受到烈日暴晒，以免气体膨胀发生爆炸。冬天如遇瓶阀或减压器冻结时，应用热水解冻，严禁进行火烤。

四、焊工安全卫生

焊工在作业过程中身心健康会受到不同程度的危害，因此焊工必须熟悉自己的工作条件和环境，了解相关的医学知识，掌握焊接设备、焊接工艺和操作规程以及安全技术和措施，严格执行安全操作规程和实施防护措施，避免或减少职业危害和安全事故发生。另外，在焊接作业场所，应配置相应的烟尘抽排装置，以降低有害气体、烟尘的浓度，使之符合国家劳动卫生标准。

（一）焊工尘肺

焊接烟尘在施焊区周围集聚成互相连接的树枝状微粒，加上其冷却过程中相互黏结，相应时间段内漂浮在施焊区域，流动性较差。焊工长期吸入高浓度电焊烟尘，可使其在肺内蓄积，导致焊工尘肺。尘肺发病期缓慢，临床表现为早期轻度干咳，合并肺部感染时则有咳痰，晚期咳嗽加剧，有时胸闷、胸痛、气短，甚至咯血，使焊工的身心健康受到严重威胁。

（二）臭氧对呼吸道的危害

氩弧焊时空气中的氧由于电弧发出的紫外线辐射引起光化学反应产生臭氧，臭氧的氧化能力很强，对眼结膜、呼吸道和肺有强烈的刺激作用。臭氧中毒临床表现：当人体吸入较高浓度（$\geq 10mg/m^3$）臭氧较长时间后，会有明显呼吸困难、胸痛、胸闷、咳嗽、咳痰，严重时会引起肺水肿等疾病。

（三）电光性眼炎

电光性眼炎是眼部受紫外线过度辐射所引起的角膜结膜炎。电光性眼炎的临床表现：轻则眼部有异物感，重则眼部有烧灼感和剧痛，并伴有高度畏光、流泪和脸痉挛。

（四）锰中毒

焊条药皮与焊芯中均含有不同数量的锰，在电弧高温下均以氧化锰形式进入烟尘。焊工若不注意自身防护，长期吸入含 MnO_2 高的烟尘会引起锰中毒。

（五）氟中毒

由于低氢焊条药皮中加有氟石，因此焊接烟尘中含有氟化物（氟化钾、氟化钠、氟化氢）。焊工长期过量吸入氟化物，可对眼鼻、呼吸道黏膜产生刺激，引起流泪、鼻塞、咳嗽、气急、胸痛，并使腰背、关节、四肢疼痛，严重者会引起氟骨症。

（六）焊工职业病的预防和早期诊断

上述病症大部分是由于焊工进行焊接操作时不按焊接安全规范要求进行自身保护或者违反操作规程所造成的，所以焊工一定要严格按操作规程进行操作，注意安全防护，若有身体不适，应及时到医院就诊治疗。焊工所在单位要定期对焊工体检，防患于未然。

在任何情况下进行焊接操作时，焊工都必须穿戴好个人防护用品，注意操作现场的通风、除尘、屏蔽。若通风条件差，应戴上口罩或佩戴通风面罩，设置各种通风设备等。

模块二

切割基础知识及基本操作

练习一　氧乙炔切割基础知识及基本操作

一、氧乙炔切割基础知识

1. 气割原理

气割是指利用可燃气体（常用乙炔或液化石油气）和氧气混合燃烧的热能将被切割金属切割处预热到一定温度后，喷射出高速切割氧流，使被切割金属燃烧并放出热量实现切割的一种切割方法。其工艺特点是加热、燃烧、吹渣连续进行，随着割炬向前移动，不断形成连续的切口，将被切割金属切开。气割又简称火焰切割或氧乙炔焰切割，是设备制造中金属切割常用方法之一。

2. 气割的特点

（1）优点

1）切割效率高，切割速度比其他机械切割方法要快，切割成本低。

2）切割设备轻便，操作灵活方便，可用于野外作业，切割设备的成本低。

3）配合相应的辅助设备可实现机械自动切割。

（2）缺点

1）切割的尺寸误差较大，切割表面粗糙。

2）预热火焰和排出的赤热熔渣存在发生火灾以及烧伤操作者的潜在危险。

3）薄板气割时会产生较大的变形。

4）仅适用于低碳钢、中碳钢、普通低合金钢等少数几种钢种，不适用于铜、铝、不锈钢、铸铁等切割。

5）劳动强度较大，对操作者的技术水平要求较高。

3. 气割的应用范围

气割在机械加工制造中应用很广泛，能在各种位置进行切割，可进行不同形式焊接坡口的切割，最大切割厚度可达 300mm 以上。

气割主要用于各种碳素钢和低合金钢的切割。对于高碳钢和强度等级较高的低合金钢气割时，为避免切口淬硬或产生裂纹，一般采取适当加大预热火焰功率对割件进行预热或放慢切割速度方法进行切割。

4. 气割主要参数

气割工艺参数主要包括割炬型号和切割氧压力、切割氧纯度、气割速度、预热火焰能率、割嘴与工件间的倾角、割嘴离工件表面的距离等。

（1）割炬型号和切割氧压力　被切割工件厚度越厚时，割炬型号、割嘴号码、氧气压力也应相应增大。当割件较薄时，切割氧压力可适当降低。切割过程中，若切割氧压力过高，则切口过宽，使切割速度降低，会使切口表面粗糙；若切割氧压力过低，会使气割过程中的氧化反应减慢，切割的氧化物熔渣不易吹除，在切口背面易形成难以清除的熔渣黏结物，甚至不能将工件割穿。

（2）切割氧纯度　氧气的纯度对氧气消耗量、切口质量和气割速度影响较大，氧气纯度降低会使金属氧化过程变慢、切割速度降低，同时氧的消耗量增加。氧气中的杂质，如氮等在气割过程中会吸收热量，并在切口表面形成气体薄膜，阻碍金属燃烧，从而使气割速度下降和氧气消耗量增加，并使切口表面粗糙。在氧气纯度为97.5%~99.5%的范围内，氧气纯度每降低1%，气割1m长的切口气割时间将增加10%~15%，氧气消耗量将增加25%~35%。因此，气割用的氧气纯度应尽可能地提高，一般要求在99.5%以上。若氧气的纯度降至95%以下，气割过程将很难进行。

（3）气割速度　一般气割速度与割嘴形式和工件的厚度有关，气割割炬决定割嘴的配置形式和氧气的最大流量，而氧气流量又决定着所能切割件的厚度，割件的厚度决定了割嘴的大小。当割件厚度一定时，使用的割嘴越大，气割速度越快；反之，割嘴越小，气割速度越慢。割嘴不变的情况下，工件越厚，气割速度越慢；反之，工件越薄，气割速度越快。

在气割作业中，气割速度由操作者根据切口的后拖量自行掌握。所谓后拖量，是指在氧气切割的过程中，在切割面上的切割氧气流轨迹的始点与终点在水平方向上的距离，如图2-1所示。气割时，后拖量是不可避免的，尤其气割较厚板材时更为显著。合适的气割速度，应以使切口产生的后拖量比较小为原则。若气割速度过慢，会使切口边缘不齐，甚至产生局部熔化现象，割后清渣也较困难；若气割速度过快，会造成后拖量过大，使切口不光洁，甚至造成割不透的现象。合适的气割速度可以保证气割质量，并能降低氧气的消耗量。

（4）预热火焰能率　预热火焰的作用是把金属工件加热至金属在氧气中燃烧的温度，并始终保持这一温度，同时还使割件表面的氧化皮剥离和熔化，便于切割氧流与金属接触。

气割的火焰是预热的热源，火焰的气流又是熔化金属的保护介质。气割时要求火焰应有足够的温度，体积

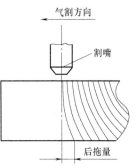

图2-1　后拖量示意图

要小，焰芯要直，热量要集中。还应要求焊接火焰具有保护性，以防止空气中的氧、氮等物质对熔化金属的氧化及污染。气割常用的氧乙炔火焰根据氧和乙炔混合比的不同，可分为碳化焰、中性焰和氧化焰三种类型，其构造和形状如图 2-2 所示。

1）碳化焰。碳化焰可分为焰芯、内焰和外焰三部分。焰芯呈白色，外围略带蓝色，内焰呈淡白色，外焰呈橙黄色。乙炔量多时还带黑烟，火焰长而柔软。乙炔的供给量越多，碳化焰也就变得越长、越柔软，其挺直度就越差。当乙炔的过剩量很大时，火焰开始冒黑烟。

2）中性焰。中性焰有三个区别显著的区域，分别为焰芯、内焰和外焰。焰芯由未经燃烧的氧气和乙炔组成，呈蓝白色，轮廓不清楚，与外焰无明显界线。内焰的温度很高，由里向外逐渐由淡紫色变为橙黄色。

3）氧化焰。氧化焰可分为焰芯和外焰两部

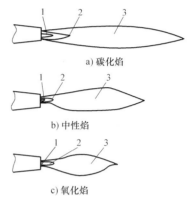

a) 碳化焰

b) 中性焰

c) 氧化焰

图 2-2　氧乙炔火焰类型
1—焰芯　2—内焰　3—外焰

分。内焰很短，几乎看不到。氧化焰的焰芯呈淡紫蓝色，轮廓不明显。外焰呈蓝色，火焰挺直，燃烧声明显。

气割预热火焰应采用中性焰或轻微氧化焰。在切割过程中，要注意随时调整预热火焰，防止火焰性质发生变化。碳化焰因有游离碳存在，会使切口边缘增碳，所以不能采用。氧化焰由于预热火焰和切割氧射流的作用，会使某些合金元素被氧化和烧损，造成切口和热影响区合金元素含量的减少。此外，氧化焰比中性焰的温度高，当预热火焰用氧化焰时，也易使切口上产生锯齿形缺陷，使切口失去棱角，并影响高压射流的清晰程度，影响气割质量。

火焰能率是单位时间内可燃气体的消耗量。预热火焰能率的大小与工件的厚度有关，工件越厚，火焰能率应越大，但在气割时应防止火焰能率过大或过小的情况发生。在气割厚钢板时，由于气割速度较慢，为防止切口上缘熔化，应相应使火焰能率降低。若此时火焰能率过大，会使切口上缘产生连续珠状钢粒，甚至熔化成圆角，同时还造成切口背面黏附熔渣增多，而影响气割质量。在气割薄钢板时，因气割速度快，可相应增加火焰能率，但割嘴应离工件远一些，并保持一定的倾斜角度，若此时火焰能率过小，使工件得不到足够的热量，就会使气割速度变慢，甚至使气割过程中断。

（5）割嘴与工件间的倾角　割嘴倾角的大小主要根据工件的厚度来确定。一般气割 4mm 以下厚的钢板时，割嘴应后倾 25°～45°；气割 4～20mm 厚的钢板时，割嘴应后倾 20°～30°；气割 20～30mm 厚的钢板时，割嘴应垂直于工件；气割大于 30mm 厚的钢板时，开始气割时应将割嘴前倾 20°～30°，待割穿后再将割嘴垂直于工件进行正常切割，当快割完时，割嘴应逐渐向后倾斜 20°~30°。割嘴与工件间的倾角示意图如图 2-3 所示。

割嘴与工件间的倾角对气割速度和后拖量产生直接影响，如果倾角选择不当，不但不能提高气割速度，反而会增加氧气的消耗量，甚至造成气割操作困难。

（6）割嘴离工件表面的距离　气割过程中，如果焰芯触及工件表面，不仅会引起切口上缘熔化，还会使切口渗碳的可能性增加，一般规定气割火焰焰芯离开工件表面的距离应保持在 3~5mm。切割薄板时，由于气割速度较快，火焰可以长些，割嘴离工件表面的距离可以适当增大。切割厚板时，由于气割速度慢，为了防止切口上缘熔化，预热火焰应短一些，割嘴离工件表面的距离应适当减小。

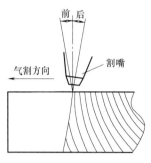

图 2-3　割嘴与工件间的倾角示意图

二、氧乙炔气割所用设备及工具

1. 气瓶

（1）氧气瓶　氧气瓶是储存和运输氧气的一种高压容器。工业中最常用的氧气瓶规格：瓶体外径为 219mm，容积为 40L。当工作压力为 15MPa 时，储存氧气量为 $6m^3$。

瓶阀是控制瓶内氧气进出的阀门。使用时，将手轮沿逆时针方向旋转，则可开大瓶阀；沿顺时针方向旋转，则关小瓶阀。氧气瓶的安全是由瓶阀中的金属安全膜来实现的，一旦瓶内压力达 18~22.5MPa 时，安全膜即自行爆破泄压，从而确保瓶体安全。氧气瓶外表面涂淡酞蓝漆，并用黑漆写上"氧"字。

（2）乙炔瓶　乙炔瓶是一种储存和运输乙炔的压力容器，其外形与氧气瓶相似，比氧气瓶矮，但略粗一些。乙炔瓶主要由瓶体、多孔性填料、丙酮、瓶阀、石棉、瓶座等组成。瓶内装有浸满了丙酮的多孔性填料。使用时，溶解在丙酮内的乙炔就分解出来，而丙酮仍留在瓶内。生产中最常用的乙炔瓶规格：瓶体外径为 250mm，容积为 40L，充装丙酮量为 13.2~14.3kg，充装乙炔量为 6.2~7.4kg（5.3~6.3m^3）。乙炔瓶外表面涂白色漆，并有"乙炔不可近火"红色警示字样。

乙炔的自燃点比较低（335℃），容易受热自燃。当环境温度超过 500℃、压力超过 0.147MPa 时，就容易发生爆炸性分解，在空气中的爆炸极限为 2.3%~72.3%（体积分数）。

2. 减压器

减压器又称为压力调节器，它是将高压气体调节为低压气体的调节装置。例如，把氧气瓶内的 15MPa 高压气体减压至 0.1~0.3MPa 工作压力的气体，供焊接或切割时使用。减压器同时还有稳压的作用，可使气体的工作压力不随气瓶内的压力减小而降低。

3. 割炬

割炬是进行气割的主要工具，它是使可燃气体与氧气按一定比例混合燃烧形成稳定火焰的工具。按可燃气体与助燃气体混合的方式不同，割炬可分为射吸式割炬和等压式割炬两大类。等压式割炬的燃气从进入割炬到达割嘴的整个过程中压力相等，射吸式割炬在混合氧射出的同时会吸入燃气，所以燃气的压力在整个过程中是变化的。射吸式割炬的火力较等压式割炬的要大。

4. 橡胶软管

氧气瓶和乙炔瓶中的气体必须用专用橡胶软管输送到焊炬或割炬。

5. 辅助工具

（1）护目镜　气焊、气割时，焊工应戴护目镜操作，可保护焊工眼睛不受火焰亮光的刺激，以便在焊接过程中能仔细地观察熔池金属，又可防止飞溅金属伤害眼睛。在焊接一般材料时宜用黄绿色镜片。镜片的颜色要深浅合适，根据光度强弱可选用3~7号遮光玻璃。

（2）通针　用于清理发生堵塞的火焰孔道。一般由焊工用刚性好的钢丝或黄铜丝自制。

（3）点火工具　使用手枪式打火机点火最为安全可靠，尽量避免使用火柴点火。如果用火柴点火，必须把划着的火柴从焊嘴或割嘴的后面送到焊嘴或割嘴上，以免手被烫伤。

（4）其他工具　如钢丝刷、锤子、锉刀、扳手、钳子等。

三、氧乙炔切割基本操作

1. 工艺分析

氧乙炔切割时，由于操作者操作不稳定等原因会导致切口易出现沟痕、表面不光洁、粗细纹不一致、宽窄不一致、氧化铁渣不易脱落等缺陷。

氧乙炔切割时，割嘴与割件间的倾角取决于割件厚度。

一般情况下，割嘴离割件表面的距离为3~5mm。切割速度取决于切割氧压力、氧纯度以及割嘴和割件厚度，以后拖量最小为佳。

一般厚度钢板的手动切割工艺，割炬选用G01-100型，割嘴与工件的距离等于焰芯长度加上2~4mm。切割风线长度大于割件板厚的1/3。

薄钢板（4mm以下）的手动切割工艺，割炬选用G01-30型及小号割嘴。

预热火焰能率要小，要注意防止回火现象。切割速度要尽可能快，以达到质量要求为准。

半自动切割时，参考手动切割工艺操作。

2. 气割前的准备

（1）试件材料　Q235钢板。

（2）试件尺寸　根据实际材料情况确定，建议厚度不大于8mm。

（3）气割设备及工具　氧气瓶、减压器、乙炔瓶、割炬、环形割嘴、气管、CG1-30半自动切割机。

（4）辅助工具　护目镜、点火枪、通针、钢丝刷等。

（5）工作场地、设备及工具检查　气割前要认真检查工作场地是否符合安全生产和气割工艺的要求，检查整个气割系统的设备和工具是否正常，检查乙炔瓶、回火防止器工作状态是否正常。将气割设备连接好，开启乙炔瓶阀和氧气瓶阀，调节减压器，将乙炔和氧气压力调至切割需要的压力。

（6）工件的准备及其放置　去除被切工件表面污垢、油漆、氧化皮等。工件应垫平、垫高，距离地面一定高度，有利于熔渣吹除。工件下的地面应为非水泥地面，以防水泥爆溅伤人。如果在水泥地面上操作，则应在水泥地面上遮盖石棉板等。用钢丝刷等工具将试件表面的铁锈、油、污物清理干净，然后将割件用耐火砖垫空，便于切割。

3. 气割工艺参数

根据工件的厚度正确选择气割工艺参数、割炬和割嘴规格。准备工作完成后，开始点火并调整好火焰性质及火焰长度。然后试开切割氧调节阀进行氧气流量调节，调节过程中要注意观察切割氧气流（风线）的形状和合适的火焰长度。切割氧气流应是挺直而清晰的圆柱体，火焰长度要适中，这样才能使切口表面光滑干净、宽窄一致。若风线形状不规则，应按次序关闭所有的阀门，用通针修理割嘴内表面，使之光洁。气割工艺参数见表2-1。

表2-1　气割工艺参数

割件厚度/mm	割炬型号	割嘴号	氧气压力/MPa
≤4	G01-30	1~2	0.3~0.4
>4~10		2~3	0.4~0.5
>10~25	G01-100	1~2	0.5~0.7
>25~50		2~3	
>50~100		3	0.6~0.8

（1）预热火焰能率　预热火焰能率与割件厚度对应关系见表2-2。

表2-2　预热火焰能率与割件厚度对应关系

割件厚度/mm	>3~12	>12~25	>25~40	>40~60	>60~100
火焰能率/(L/h)	320	340	450	840	900

（2）切割速度　切割速度过慢会使切口上缘熔化，过快则产生较大的后拖量，甚至无法割透。切割过程中，正常切割速度为火花束与切割氧气流平行，切割过程中，切割速度要尽量保持一致。

（3）切割距离 焰芯末端距离工件一般以 3~5mm 为宜，薄件该距离应适当加大。割嘴到被割工件表面的高度，在整个切割过程中必须保持基本一致。

（4）割嘴倾角 曲线切割时，割嘴应垂直于工件。割嘴倾角与割件厚度对应关系见表 2-3。

表 2-3 割嘴倾角与割件厚度对应关系

割嘴类型	割件厚度/mm	割嘴倾角
普通割嘴	<6	后倾 5°~10°
	6~30	垂直于工件表面
	>30	始割前 5°~10°，割穿后垂直，割近终点时后倾 5°~10°
快速割嘴	>10~16	后倾 20°~25°
	>16~22	后倾 5°~15°
	>22~30	后倾 15°~25°

4. 操作要领

（1）手动切割

1）气割时，先点燃割炬，调整好预热火焰，然后进行气割操作。

气割操作姿势因个人习惯而不同，初学者可按基本的"抱切法"练习，如图 2-4 所示。气割时的手势如图 2-5 所示。

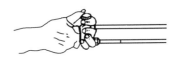

图 2-4　抱切法的姿势　　　　　　图 2-5　气割时的手势

操作时，双脚里八字形蹲在工件一侧，右臂靠住右膝（有利于操作稳定性），左臂空在两脚之间，以便在气割时移动方便。右手把住割炬手把，并以大拇指和食指控制预热调节阀，以便于调整预热火焰和回火时及时切断预热氧气。左手的拇指和食指控制切割氧调节阀，其余三指平稳托住射吸管，以掌握气割方向。上身不要弯得太低，呼吸要有节奏，眼睛应注视割件和割嘴，并着重注视切口前面的割线。气割操作一般是从右向左，在整个气割过程中割炬运行要均匀，割炬与工件间的距离应保持不变，每割一段移动身体时要暂时关闭切割氧调节阀。

2）切割操作程序：开乙炔气→开小量预热氧气→点火→调整火焰→对工件预热→开高压切割氧气→关高压氧气→关乙炔→关预热氧气。

① 点火：点火前应先检查割炬的射吸能力。点燃火焰时，应先稍许开启氧气调节阀，再开乙炔调节阀，两种气体在割炬内混合后，从割嘴喷出，此时将割嘴靠近火源即可点燃。正常情况下应采用专用的打火枪点火，在无打火枪的条件下，也可以用火柴来点火，点火时应注意操作者的安全，不要被喷射出的火焰烧伤。点燃时，拿火源的手不要对准割嘴，也不要将割嘴指向他人或可燃物，手要避开火焰，防止烧伤。刚开始点火时，可能出现连续的放炮声，原因是乙炔不纯，应放出不纯的乙炔，重新点火。

点火时，如果氧气开得太大，会出现点不着火的现象，这时将氧气阀关小即可。火焰点燃后，开始为碳化焰，此时应逐渐加大氧气流量，将火焰调节为中性火焰或者略微带氧化性质的火焰，然后打开割炬上的切割氧开关，并增大氧气流量，使切割氧气流（风线）的形状成为笔直而清晰的圆柱体，并保持一定的长度。预热火焰和风线调整好后，关闭割炬上的切割氧开关，准备起割。

② 起割：开始切割时，起割点应选择在割件的边缘，先用预热火焰加热金属，待边缘呈现亮红色时，将火焰局部移出边缘线以外，同时慢慢打开切割氧气阀，随着氧流的增大，从割件的背面就飞出亮红的铁渣，证明工件已被割透，此时应根据割件的厚度以适当的速度从右向左移动进行切割。

对于中厚钢板，应由割件边缘棱角处开始预热，要准确控制割嘴与割件间的垂直度，将割件预热到切割温度时，逐渐开大切割氧压力，并将割嘴稍向气割方向倾斜 5°~10°。当割件边缘全部割透时，再加大切割氧流，并使割嘴垂直于工件，进入正常气割过程。

正常起割后，为了保证切口的质量，在整个气割过程中，割炬的移动速度要均匀，控制割嘴与割件的距离等于焰芯长度加上 2~4mm。割嘴可向后（即向切割前进方向）倾斜 20°~30°。

气割质量与气割速度有很大关系，气割速度是否正常，可以从熔渣的流动方向来判断，正常气割速度时，熔渣的流动方向基本上与割件表面垂直，当气割速度过快时，熔渣将成一定角度流出，即产生较大后拖量。当气割较长的直线或曲线切口时，一般切割 300~500mm 后需移动操作位置。移动身体位置时应先关闭切割氧气阀，将割炬火焰离开割件，待身体位置移好后，再将割嘴对准切口的切割处，并预热到燃点，再缓慢开启切割氧气阀，继续向前切割。

在气割过程中，有时因割嘴过热或氧化铁的飞溅，使割嘴堵塞或乙炔供应不足时，出现爆鸣和回火现象，此时应立即关闭切割氧气阀，然后依次关闭预热氧气阀与乙炔阀，暂停切割。用通针清除通道内的污物，以上处理正常后，才允许重新点火进行切割工作。

当钢板厚度在 25mm 以上时，应选用大号割炬和割嘴，并且适当加大预热火焰和切割氧气流。在气割过程中，切割速度要慢一些，割枪适当地做横向月牙形摆动，以加宽切口，便于顺利排渣。

③ 停割：气割过程临近终点时，割嘴应沿气割方向的反方向倾斜一个角度，一般为5°~10°，并适当放缓切割速度，这样可以减少后拖量，以便钢板的下部提前割断，使切口在收尾处整齐美观。当达到终点时，应迅速关闭切割氧气阀并将割炬抬起，再关闭乙炔阀，最后关闭预热氧气阀，松开减压器调节螺钉，将氧气放出。停割后，应检查并清除切口的挂渣，以便于下道工序加工。

④ 气割结束后，要关闭氧气瓶和乙炔瓶的阀门，拧上安全罩，检查操作场地，确认火源安全，没有其他危险后，才能离开操作地点。

（2）半自动切割　氧乙炔半自动切割机可进行钢板的直线切割、斜面切割和圆形切割，这里仅对直线切割、斜面切割操作方法做一简单介绍。

1）切割前，应检查氧乙炔半自动切割机割炬部分齿轮、齿条的传动和割嘴左右上下移动是否正常，并对半自动小车进行空车试验，检验供气装置是否工作正常。

2）放置好被切割工件，安装好轨道架，并对小车式半自动切割机进行割前调试。

3）直线切割时，应将导轨放在被切割钢板的平面上，然后将切割机轻放在导轨上。使有割炬的一侧面向操作者，根据钢板的厚度选用割嘴，调整切割直度和切割速度。

4）接通电源，调节机身上的氧乙炔分配器上的气体阀门，在割嘴处点火，调整火焰即可进行气割。（火焰调节方法和手动切割调节相同。注意：乙炔阀打开后，应马上点火，防止乙炔气进入机身内。）

5）乙炔阀与预热氧气阀，用来控制混合气体的预热火焰。当预热到一定温度时，打开切割氧气阀，喷出切割氧，同时打开小车沿着轨道运行开关，进行切割，切割速度以割透被割材料为准。当切割完毕后，关闭切割氧气阀，关闭小车式半自动切割机及所有电源，完成切割全过程。

如果需进行斜面切割，应将割炬座的夹紧螺钉旋松，然后将割炬调整到所需位置之工作角度，拧紧螺钉即可做斜面切割。

5. 注意事项

1）每个氧气减压器和乙炔减压器上只允许接一把焊炬或一把割炬。

2）氧气胶管和乙炔胶管必须按 GB 9448—1999《焊接与切割安全》中规定要求配置（氧气胶管为黑色，乙炔胶管为红色）。新胶管使用前应将管内杂质和灰尘吹尽，以免堵塞割嘴，影响气流流通。

3）氧气胶管和乙炔胶管如果横跨通道和轨道，应从它们下面穿过（必要时加保护套管）或吊在空中，以防辗压。

4）氧气瓶集中存放的地方，10m 之内不允许有明火，更不得有弧焊电缆从瓶下通过。

5）当瓶装氧气用至压力为 0.1~0.2MPa 表压或瓶装乙炔用至压力为 0.1MPa

表压时，应立即停用，并关阀保留其余气，以便充装时检查气样和防止其他气体进入瓶内。

6）气割工必须穿戴规定的工作服、手套和护目镜。

7）为减少工件变形和利于切割排渣，工件应垫平或放好支点位置，工件下面应留出一定高度的空间，若为水泥地面应铺铁板，防止水泥爆裂。

8）气割储存过油类等介质的旧容器时，注意打开人孔盖，保持通风。在气割前做必要的清理处理，如清洗、空气吹干等，检查容器内气体是否处于爆炸极限之内，同时做好防火、防爆以及救护工作。

9）在容器内作业时，严防气路漏气。暂时停止工作时，应将割炬置于容器外，防止漏气发生爆炸、火灾等事故。

10）气割过程中发生回火时，应先关闭乙炔阀，再关闭氧气阀。因为氧气压力较高，回火到氧气管内的现象极少发生，绝大多数回火倒袭现象发生在乙炔管内，只有先关闭乙炔阀，切断可燃气源，再关闭氧气阀，回火才会很快熄灭。

11）气割结束后，应将氧气瓶和乙炔瓶阀门关紧，再将调压器调节螺钉拧松。冬季工作后应注意将回火防止器内的水放掉。

12）气割作业过程中，氧气瓶、乙炔瓶间距应在 3m 以上并立位放置，切忌卧放。

13）气割时，注意垫平、垫稳钢板，避免工件割下时钢板突然倾斜而伤到人或碰坏割嘴。

练习二　等离子弧切割基础知识及基本操作

一、等离子弧切割基础知识

等离子弧切割是利用高温、高速和高能的等离子气流来加热并熔化被切割材料，并借助被压缩的高速气流，将熔化的材料吹除而形成狭窄切口的一种切割方法。

等离子弧切割的切割原理是利用电能将等离子弧切割气体加热至等离子状态，使切割气体形成一束等离子弧。当等离子弧扫描过加工材料表面时，会在极短的时间内将材料加热熔化或汽化，同时用高压气体将熔化或汽化的物质从切缝中吹走，随着等离子弧与被切割材料相对线性移动，形成宽度较窄的切缝，达到切割材料的目的。

等离子弧切割的主要优点在于切割厚度不大的金属时，切割速度快，尤其在切割普通碳素钢薄板时，速度可达氧乙炔切割的 5~6 倍，而且切割倾角很小，切割面光洁，热变形小，被切割的工件无毛刺和挂渣，无塌边，切割精度较高，切割后的工件一般不需二次加工，可以代替或省掉部分机械加工工序。同时，等离子弧切割具有切割灵活、装夹工件简单及可以切割曲线等优点，被认为是中薄板最理想的切割方法之一。近年来，随着逆变技术和数字化控制技术的发展，使空气等离子弧切割电源设备得到了普及，其消耗品如电极、喷嘴、涡流环的使用寿命不断提高，为等离子弧切割的应用拓宽了前景。

等离子弧切割主要运用于各种金属板材，尤其是对于有色金属（不锈钢以及铝、铜、钛、镍及其合金）切割效果更佳。按工作气体的不同，等离子弧切割设备分为非氧化性气体等离子弧切割机和空气等离子弧切割机。在工业生产中，空气等离子弧切割机应用最为广泛。空气等离子弧切割机外部接线示意图如图 2-6 所示。

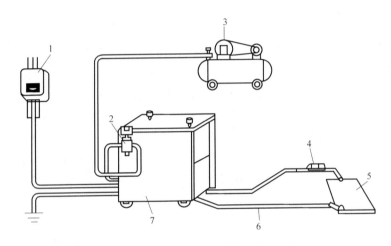

图 2-6　空气等离子弧切割机外部接线示意图

1—电源开关　2—过滤减压器　3—空气压缩机　4—割炬　5—工件　6—接工件电缆　7—电源

空气等离子弧切割机由供气装置、切割电源、割枪和电极四部分组成。

（1）供气装置　供气装置的主要设备是一台大于 1.5kW 的空气压缩机，切割时所需气体压力为 0.3~0.6MPa。若选用其他气体，可采用瓶装气体经减压后供切割时使用。

等离子弧切割金属材料时，采用的工作气体（工作气体是等离子弧的导电介质，又是携热体，同时还要排除切口中的熔融金属）对等离子弧的切割特性、切割质量、切割速度都有明显的影响。常用的等离子弧工作气体有氩气、氢气、氮气、氧气、空气、水蒸气以及某些混合气体。

（2）切割电源　等离子弧切割采用具有陡降或恒流外特性的直流电源。为获得满意的引弧及稳弧效果，电源空载电压一般为电弧电压的两倍。常用切割电源空载电压为 350~400V。

（3）割枪　等离子弧割枪的具体形式取决于割枪的电流等级，一般 60A 以下割枪多采用风冷结构，60A 以上割枪多采用水冷结构。

（4）电极 等离子弧割枪中的电极可采用纯钨、钍钨、铈钨棒，也可采用镶嵌式电极，优先选用铈钨棒作为电极。电极端部形状如图2-7所示。

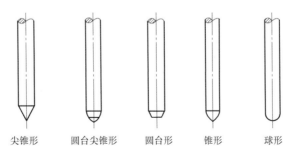

尖锥形　　　圆台尖锥形　　圆台形　　　锥形　　　球形

图 2-7 电极端部形状

二、空气等离子弧切割操作规范

空气等离子弧切割一般使用压缩空气作为离子气源，压缩空气在电弧中加热、分解和电离，生成的氧气切割金属产生化学放热反应，加快切割速度。充分电离了的空气等离子体的焓值高，因而电弧的能量大，切割速度快，空气等离子弧切割过程示意图如图2-8所示。

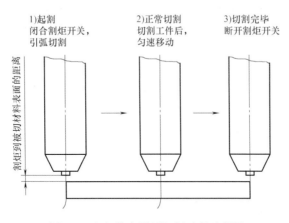

图 2-8 空气等离子弧切割过程示意图

等离子弧切割工艺参数直接影响切割过程的稳定性、切割质量和效果。主要切割规范简述如下：

等离子弧切割工艺参数主要包括切割电流、空载电压、切割速度、气体流量、电极内缩量、喷嘴与工件的距离等。

（1）切割电流 增加切割电流可提高等离子弧的功率，但切割电流过大会使等离子弧柱变粗、切口宽度增加、电极寿命下降，甚至使喷嘴烧坏。切割电流及电压决定等离子弧功率及能量的大小，所以用增加等离子弧工作电压来增加功率，往往比增加电流有更好的效果。

一般切割电流可按下式选取：

$$I = (70 \sim 100)d$$

式中　I——切割电流（A）；

　　d——喷嘴直径（mm）。

（2）空载电压　空载电压一般为 $120 \sim 600V$，而工作电压一般为空载电压的一半。提高弧柱电压，能明显地增加等离子弧的功率，因而能提高切割速度和切割更大厚度的金属板材。弧柱电压往往通过调节气体流量和加大电极内缩量来达到，但弧柱电压不能超过空载电压的65%，否则会使等离子弧不稳定。

（3）切割速度　在功率不变的情况下，提高切割速度可使切口变窄，热影响区变小，但切割速度太快时反而不能割穿工件。反之，切割速度太慢，生产率降低，并造成切口表面不光洁，粘渣增加，热影响区及切口宽度增加，使切割质量下降。要求应在保证工件切透和切割质量的前提下，尽可能选择大的切割速度。

（4）气体流量　气体流量要与喷嘴孔径相适应。增加气体流量既能提高弧柱电压，又能增强对弧柱的压缩作用而使等离子弧能量更加集中、喷射力更强，可提高切割速度和质量。但气体流量过大，反而会使弧柱变短，冷却气流带走大量热量使热量损失增加，切割能力下降，甚至会造成切割作业无法正常进行。

（5）电极内缩量　所谓电极内缩量是指电极到割嘴端面的距离，合适的距离可以使电弧在割嘴内得到良好的压缩，获得能量集中、温度高的等离子弧而进行有效的切割。距离过大或过小，会使电极严重烧损、割嘴烧坏和切割能力下降，电极内缩量一般取 $8 \sim 11mm$。

（6）喷嘴与工件的距离　在电极内缩量一定的情况下，用等离子弧切割一般厚度的工件时，喷嘴与工件的距离为 $2 \sim 3mm$。当距离过大时，电弧电压升高，电弧能量散失增加，切割工件的有效热量相应减小，使切割能力减弱，引起切口下部熔瘤增多，切割质量变坏；当距离过小时，喷嘴与工件间易短路而烧坏喷嘴，破坏切割过程的正常进行。

三、空气等离子弧切割基本操作

1. 切割工艺分析

空气等离子弧切割过程中，等离子体正确的气压和流动对电极、喷嘴的使用寿命非常重要，如果气压太高，电极的寿命就会大大减少，气压太低，喷嘴的寿命也会受到影响，所以操作过程中始终要保证等离子体正确的气压和流动。

空气等离子弧切割时，要采用合理的割距，即切割喷嘴与工件表面的距离，当穿孔时，尽量采用正常割矩的两倍距离或采用等离子弧所能传递的最大高度。在金属切割过程中，尽量不要进行穿孔切割，以减少喷嘴和电极的消耗。

空气等离子弧切割工作电流一般为喷嘴工作电流的95%左右，如 100A 的喷嘴的电流应设定为 95A。如果喷嘴电流超过喷嘴的工作电流，将加快喷嘴损坏。

空气等离子弧切割过程中，应减少不必要的"起弧"（或导弧）时间，因为起弧时，喷嘴和电极的消耗都非常快。为了节省喷嘴和电极，一般在开始前，应将割炬放在切割金属行走距离内，起割时尽可能从割件边缘开始切割，采用边缘作为起始点会延长消耗件的寿命。切割时，将喷嘴直接对准工件边缘，保持合适的割距后，再起动等离子弧。

2. 操作准备

1）切割设备。LGK-100 或 LGK-120 型逆变式空气等离子弧切割机一台，对应型号的等离子弧切割枪一把。

2）试件材料。8mm 厚的 Q235 钢板。

3）空气压缩机一台，工作压力为 0.6~0.8MPa，排气量为 180~400L/min。

4）场地、设备检查及故障排除。检查外接电源是否正常，工件地线是否已夹持。接通气源，排放积水。闭合电网供电总开关，注意检查风向。将面板上的电源开关扳到"通"位，电源指示灯亮，此时应有压缩空气从割炬中流出。注意过滤减压阀压力表指针是否在 0.2~0.4MPa 位置，若压力不符，应在气体流动的情况下，调节过滤减压阀压力表上部的旋钮，顺时针转动为增加压力，反之则降低。

5）工件的准备及其放置。去除工件表面污垢、油漆、氧化皮等，工件应垫平、垫高，距离地面一定高度，有利于熔渣吹除，便于切割。工件下应设置专用水槽，以防烟尘和金属飞溅。

3. 切割工艺参数

1）将等离子弧切割机上的压缩空气调压装置调为 0.4~0.5MPa。

2）调节空气减压阀的气体流量，并在调节面板上调节电流大小，切割电流为 80~100A，如果是薄板，电流可适当减小。

3）割枪喷嘴中心线与试件角度约为 90°。

4）喷嘴最下缘距试件表面 2~3mm。距离过小易使喷嘴与试件间短路而烧坏喷嘴；距离过大会造成引弧困难，并会使切割有效厚度减小。空气等离子弧切割工艺参数见表 2-4。

表 2-4　空气等离子弧切割工艺参数

割件厚度/mm	切割电流/A	工作压力/MPa	割距/mm	割枪角度
8	80~100	0.45	2~3	85°~90°

4. 操作要领

（1）手动切割

1）将气源开关置于"试气"档，正常状态下，气流从割炬喷嘴中顺畅喷出，气体减压器上的压力表指示值为 0.45MPa 左右，如果发现压力太大或者太小时，应检修供气系统，排除故障后，调整过滤减压阀旋钮，使压力恢复 0.45MPa 左右时方可继续工作。"气压不足"指示灯灭，表示供气正常。此时，可将气源开关置于"切割"档，保持好割炬与工件距离，按下按钮在边角料上进行试切割，直至切割的切口质量符合要求后再进行正式切割。

正式切割时将手把按钮按下并保持主电路接通，同时高频振荡器工作，当切割电弧形成后，高频振荡器即停止工作。切割时，尽可能从边缘起割，具体做法是：将喷嘴直接对准工件边缘后再起动等离子弧，割炬可垂直于工件或向一侧小角度倾斜。对于需要在工件中间开口的切割，割炬必须略向一侧倾斜，以便吹除熔化金属，割穿被割金属。

2）切割时要注意观察，正常割穿工件后，再向切割方向匀速移动割枪，切割速度以割穿为前提，宜快不宜慢。太慢将影响切口质量，甚至造成断弧或喷嘴损坏。切割过程中，应尽量保持稳定操作，避免因手臂抖动造成切口不平整现象发生。

3）切割完毕，关闭割炬开关，等离子弧熄灭。此时，压缩空气延时喷出，使割炬冷却，数秒钟后，待压缩空气自动停止喷出后，再移开割炬，完成切割全过程。

4）切割工件全部结束后，切断电源开关和气源阀。

（2）半自动切割

1）对于空气等离子弧半自动切割来说，需配备小车式半自动切割机、导轨等，把原有手动割炬卸下，装上机用等离子弧割枪。接通空气压缩机、空气等离子弧切割机和小车式半自动切割机电源，并对半自动小车进行空车试验，检验各设备是否工作正常。

2）放置好被切割工件，安装好轨道架，并对小车式半自动切割机进行割前调试。准备工作完成后，开始切割时，先按下起弧开关，引燃主弧并看到熔渣从下方吹出时，再松开起弧开关，将等离子弧切割电源控制面板"自锁/非自锁"按钮切换到"自锁"位置，起动小车式半自动切割机，进入正常切割。

3）切割速度预调为小车式半自动切割机调节旋钮量程的三分之二为宜。

4）切割完毕电弧自动熄灭，待压缩空气自动停止喷出后，关闭小车式半自动切割机及所有电源，完成切割全过程。

（3）常见切割故障及产生原因

1）工件割不透。有可能是板材厚度超过设备适用范围、切割速度太快、割炬倾度过大、压缩空气压力过大或过小、电网电压过低等原因引起。

2）等离子弧不稳定。有可能是割炬移动太慢、电源两相供电、工作电压减小、压缩空气压力过大等原因引起。

5. 注意事项

1）空气等离子弧切割机切割金属材料过程中，会产生如电击、弧光辐射、烟尘、有害气体、噪声、高频电磁场等有害因素，需要在使用过程中根据实际情况加强防范，以避免对操作者造成危害。

2）切割过程中，应注意控制割炬距离被割工件的距离（如果割炬离开被割工件过大会造成熄弧，需重新起弧才能继续切割）。

3）切割速度太低，使切口变宽；切割速度过高，出现后拖量大或割不透现象。一般在保证切割质量的情况下，切割速度越高越好。

4）切割气压过高，流量过大，将影响有效切割厚度；切割气压过小将影响喷嘴的使用寿命。

5）因连接工作时间太长造成主变压器温度超过 110℃ 时，热控保护开关动作，设备将自动关闭，无法起动，应待变压器冷却后方可重新起动。

6）要经常排除过滤减压阀中的积水，具体做法是：逆时针旋转最下部的螺钉，排除积水后再拧紧。若压缩空气中含水量过多，应考虑在过滤减压阀与气源间再外加一只过滤阀，否则将影响切割质量。

7）在等离子弧切割过程中，应避免直接目视等离子弧，需佩戴专业护目镜及防护面罩，避免弧光对眼睛及皮肤的灼伤。

8）在割炬和消耗件上的任何脏物都会极大地影响等离子系统的功能，更换消耗件时要将其放在干净的绒布上。要经常检查割炬的连接螺纹，用过氧化氢类清洁剂清洗电极接触面和喷嘴，尽量保持割炬和消耗件清洁。

9）喷嘴内会沉积氧化物，这种氧化物会影响气流和降低消耗件的寿命。应及时用干净的绒布揩拭喷嘴内侧，清除喷嘴内氧化物，保持等离子气体的干燥和洁净。

10）空气等离子弧切割机在使用过程中，割嘴与电极是更换较频繁的消耗件。质量低劣的电极与割嘴，更加剧了使用过程中的割嘴损耗，不仅容易烧毁割枪，并且可能带来诸多安全隐患。

模块三

焊条电弧焊操作

练习一 焊条电弧焊平敷焊

1. 工艺分析

焊条电弧焊平敷焊是焊件处于水平位置时，在焊件上堆敷焊道的一种操作方法，是初学者进行焊接技能训练时所必须掌握的一项基本技能。平敷焊时的熔池形状和熔池金属比较容易保持和控制，焊接操作比较容易。但是，如果焊接参数和操作不当，易形成焊瘤、咬边、焊接变形等缺陷。只有通过平敷焊练习，熟练掌握焊条电弧焊的基本操作姿势、引弧方法、运条方法、接头方法以及焊缝收尾操作方法，才能为空间位置焊接操作打下良好的基础。

2. 焊前准备

（1）焊机　ZX7-500。

（2）焊件　Q235 钢板，尺寸为 300mm×200mm×6mm。

（3）焊条　E4303 型焊条，焊条直径为 3.2mm 或 4.0mm。

（4）焊前清理及画线　对钢板上的铁锈、油污进行清理，并用角磨机打磨出金属光泽。在焊件上用石笔或粉笔画出练习焊缝位置线（间隔 30mm 左右），作为焊接练习时焊道的参考线。

3. 焊接参数

焊条电弧焊平敷焊焊接参数见表 3-1。

表 3-1　焊条电弧焊平敷焊焊接参数

焊接层次	焊条直径/mm	焊接电流/A
平敷焊道	3.2	100~120
	4.0	130~160

4. 操作要领

（1）基本操作姿势　焊接基本操作姿势有蹲姿、坐姿、站姿，如图 3-1 所示。焊钳与焊条的夹角如图 3-2 所示。

a) 蹲姿　　　　　　　　　b) 坐姿　　　　　　　　　c) 站姿

图 3-1　焊接基本操作姿势

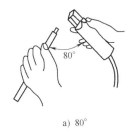 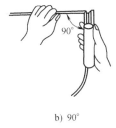 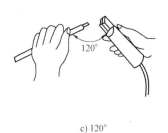

a) 80°　　　　　　　　　　b) 90°　　　　　　　　　　c) 120°

图 3-2　焊钳与焊条的夹角

（2）引弧　常用的引弧方法有划擦法和直击法两种。

1）划擦法。

① 优点：比较容易掌握，不受焊条端部清洁情况（有无焊渣）限制。

② 缺点：操作不熟练时易损伤焊件。

③ 操作要领：先将焊条端部对准焊缝，然后将手腕扭转，使焊条在焊件表面上轻轻划擦，划的长度以 20~30mm 为宜，然后将手腕扭平后迅速将焊条提起，使弧长约为所用焊条外径的 1.5 倍，做"预热"动作（停留片刻），保持弧长不变，预热后将电弧压低至与所用焊条直径相当的距离，在始焊处做适量横向摆动，稳弧（稍停片刻）形成熔池后再进入正常焊接。划擦法引弧示意图如图 3-3a 所示。

2）直击法。

① 优点：适用于各种位置引弧，不易碰伤焊件。

② 缺点：受焊条端部清洁情况限制，用力过猛时药皮易大块脱落，造成暂时性偏吹，操作不熟练时易粘于焊件表面。

③ 操作要领：焊条垂直于焊件，使焊条末端对准焊缝，然后将手腕下弯，使焊条轻碰焊件，引燃后，迅速将焊条提起，手腕抬平，使电弧长度约为焊条外径的 1.5 倍，稍做"预热"后，压低电弧至弧长与焊条内径大致相等的距离，横向摆动焊条，待形成熔池后进入正常焊接。直击法引弧示意图如图 3-3b 所示。

（3）焊条角度　平敷焊焊条角度示意图如图 3-4 所示。

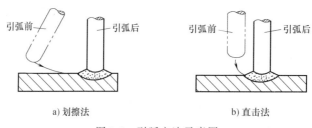

a) 划擦法   b) 直击法

图 3-3　引弧方法示意图

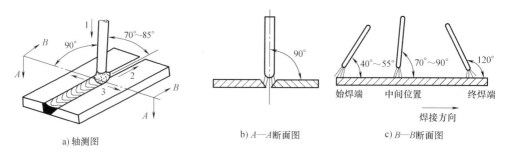

a) 轴测图   b) A—A断面图   c) B—B断面图

图 3-4　平敷焊焊条角度示意图

（4）运条方法

1）直线形运条法。焊条不做横向摆动，沿焊接方向做直线移动。常用于 I 形坡口的对接平焊、多层焊的第一层焊或多层多道焊。焊条送进速度要与焊条熔化速度相匹配，如果焊条送进速度太慢，会造成长电弧现象，易产生焊缝成形缺陷。焊接速度要保持均匀，不能时快时慢，否则会导致焊缝宽度和熔深不一致。

2）直线往复运条法。焊条末端沿焊缝的纵向做来回摆动。直线往复运条法的特点是焊接速度快、焊缝窄、散热快，适用于薄板和接头间隙较大的多层焊的第一层焊。初学者易出现焊条摆动过慢、向前摆动幅度过大、向后摆动停留位置靠前、焊缝脱节等现象。

3）锯齿形运条法。焊条末端做锯齿形连续摆动及向前移动，并在两边稍停片刻。摆动的目的是控制熔化金属的流动和得到必要的焊缝宽度，以获得较好的焊缝成形。焊接时要注意控制摆动幅度，避免出现焊波粗大和熔合不良。这种运条方法在生产中应用较广，多用于厚钢板的焊接以及平焊、仰焊、立焊的对接接头和立焊的角接接头。

4）月牙形运条法。焊条末端沿着焊接方向做月牙形的左右摆动，摆动的速度要根据焊缝的位置、接头形式、焊缝宽度和焊接电流值来确定，焊条末端摆动的同时需在焊缝两边稍做停留，使焊缝边缘有足够的熔深，防止产生咬边。月牙形运条法的优点是金属熔化良好，有较长的保温时间，气体容易析出，熔渣也易于浮到焊缝表面上来，焊缝质量较高，但焊出来的焊缝余高较高，其应用范围和锯齿形运条法基本相同。

5）三角形运条法。焊条末端做连续的三角形运动，并不断向前移动。按照摆动形式的不同，三角形运条法可分为斜三角形和正三角形两种。斜三角形运条法适用于焊接平焊和仰焊位置的 T 形接头焊缝和有坡口的横焊缝，优点是能够借焊条的摆动来控制熔化金属，促使焊缝成形良好。正三角形运条法只适用于开坡口的对接接头和 T 形接头焊缝的立焊，特点是能一次焊出较厚的焊缝断面，焊缝不易产生夹渣等缺陷，有利于提高生产率。

6）圆圈形运条法。圆圈形运条法分为正圆圈形运条法和斜圆圈形运条法两种。焊接时，焊条末端连续做正圆圈或斜圆圈运动，并不断前移。正圆圈形运条法适用于焊接较厚焊件的平焊缝，优点是熔池存在时间长，熔池金属温度高，有利于溶解在熔池中的氧、氮等气体的析出，便于熔渣上浮。斜圆圈形运条法适用于焊接平焊和仰焊位置的 T 形接头焊缝和对接接头的横焊缝，优点是有利于控制熔化金属不受重力影响而产生下淌现象，有利于焊缝成形。

7）8 字形运条法。焊接时，焊条端部做 8 字形摆动。8 字形运条法适用于厚板对接接头平焊，较难掌握，一般不常采用。

基本运条方法示意图如图 3-5 所示。

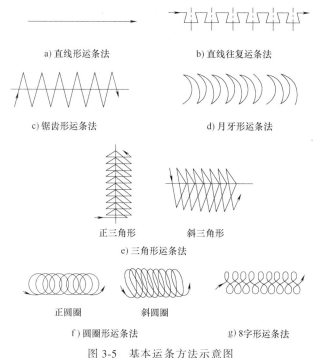

a) 直线形运条法　　　　　　　　b) 直线往复运条法

c) 锯齿形运条法　　　　　　　　d) 月牙形运条法

正三角形　　　　斜三角形

e) 三角形运条法

正圆圈　　　　斜圆圈

f）圆圈形运条法　　　　　　　g) 8 字形运条法

图 3-5　基本运条方法示意图

（5）接头技术　焊条电弧焊过程中，由于受到焊条长度的限制，不可能一根焊条完成一条焊缝，所以有焊缝必定会有接头。焊接接头一般有中间接头、相背接头、相向接头和分段退焊接头四种。

1) 中间接头。后焊焊缝的起头与先焊焊缝的结尾相接，如图 3-6a 所示。接头方法：在先焊焊道弧坑前面约 10mm 处引弧，拉长电弧移到原弧坑 2/3 处压低电弧，焊条做微微转动，待填满弧坑后即向前移动进入正常焊接，如图 3-7a 所示。

2) 相背接头。后焊焊缝的起头与先焊焊缝的起头相接，如图 3-6b 所示。接头方法：要求先焊焊道的起头处要略低一些，连接时在先焊焊道的起头稍前处引弧，并稍微拉长电弧，将电弧移到先焊焊道的起头处，压低电弧，覆盖熔合好端头处即

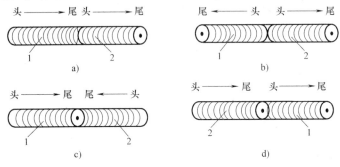

图 3-6 焊接接头形式

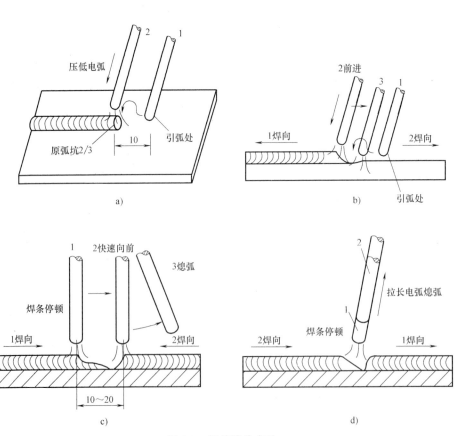

图 3-7 焊接接头方法

向前移动进入正常焊接，如图 3-7b 所示。

3）相向接头。后焊焊缝的结尾与先焊焊缝的结尾相接，如图 3-6c 所示。接头方法：后焊焊缝焊到先焊焊缝收尾处时，焊接速度略慢，以填满焊道的弧坑，然后以较快焊速再略向前熄弧，如图 3-7c 所示。

4）分段退焊接头。后焊焊缝的结尾与先焊焊缝的起头相接，如图 3-6d 所示。接头方法：利用后焊焊道收尾时的高温重复熔化先焊焊缝的起头处，将焊道焊平后拉长电弧收尾，如图 3-7d 所示。

（6）焊缝的收尾　焊接过程中由于电弧吹力作用，熔池呈凹坑状，并且低于已凝固的焊道，若收弧时立即拉断电弧，会产生一个低凹的弧坑使焊道收尾处强度减弱，造成应力集中，产生弧坑裂纹。因此，焊缝收尾动作不仅仅是单一的熄弧操作，进行收尾操作时，必须维持焊道正常的熔池温度，保持连续的焊缝外形，逐渐地填满弧坑后才能熄弧。焊缝收尾弧坑示意图如图 3-8 所示。

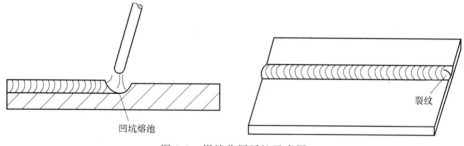

图 3-8　焊缝收尾弧坑示意图

常用收尾方法有划圈收尾法、反复断弧收尾法和回焊收尾法三种，焊缝的收尾方法如图 3-9 所示。

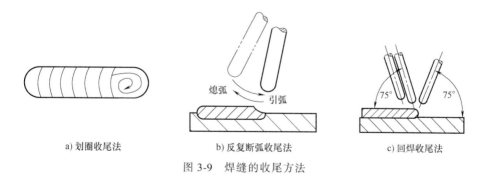

a) 划圈收尾法　　　　b) 反复断弧收尾法　　　　c) 回焊收尾法

图 3-9　焊缝的收尾方法

1）划圈收尾法。当焊到焊缝终端时，焊条端部做圆圈形摆动，直到填满弧坑后再拉断电弧。此法适用于厚板焊接，对于薄板焊件有烧穿危险。

2）反复断弧收尾法。当焊条移至焊道终点时，在弧坑上需做数次反复熄弧和引弧，直到填满弧坑为止。此法适用于薄板焊接，但碱性焊条不宜用此方法，因为容易产生气孔。

3）回焊收尾法。当焊到焊缝终端时，在收弧处稍做停顿，然后改变焊条角度，向后回焊一小段距离（10~15mm），等填满弧坑以后，再将电弧缓慢拉向一侧熄弧。此方法适用于碱性焊条。

5. 注意事项

1）引弧前应夹持好焊条，焊条与焊件接触后提起时间和距离应适当。引弧时，若焊条与焊件出现粘连，应迅速使焊钳脱离焊条，以免烧损弧焊电源，待焊条冷却后，再用手将焊条拿下。

2）初学引弧要注意防止电弧光灼伤眼睛。对刚焊完的焊件和焊条头不要用手触摸，也不要乱丢，以免烫伤和引起火灾。

3）焊接时要注意对熔池的观察，注意对熔渣和熔化金属的分辨，熔池的亮度反映熔池的温度，熔池的大小反映焊缝的宽窄。

4）焊道的起头、运条、连接和收尾的方法一定要按焊接规范操作。

5）正确使用焊接设备，调节焊接电流。

6）焊件上除焊缝以外的其他地方不得有引弧痕迹。

7）清理焊缝焊渣时，可用敲渣锤从焊缝侧面敲击焊渣使之脱落，为防止焊渣灼伤脸部等部位，可用焊帽进行遮挡。

8）训练时要注意安全，焊后工件及焊条头应妥善保管或放好，以免烫伤。

练习二　焊条电弧焊板对接平焊

一、焊条电弧焊不开坡口板对接平焊

1. 工艺分析

钢板不开坡口（Ⅰ形坡口）对接平焊焊接过程中电弧比较稳定，焊条一般不做横向摆动，焊缝熔深较大，通常多采用短弧焊接，一次性焊接成形。因此，在焊接时，焊接速度要均匀（相对其他焊接位置的焊接速度要稍快些），运条要平稳，焊条角度要稳定，焊接过程中应注意熔池形状始终要保持椭圆形，并保持其大小一致，这样形成的焊缝美观，便于焊后清理。虽然焊接技术相对较容易，但施焊时一定要集中精力，以保持焊缝平直，避免焊缝弯曲。

当板厚≤6mm时，对接平焊一般开Ⅰ形坡口，钢板不开坡口对接平焊多采用双面焊。

2. 焊前准备

（1）焊机　ZX7-500。

（2）焊件　Q235钢板，尺寸为300mm×100mm×6mm，数量为两块。

（3）焊条　E4303型焊条，焊条直径为3.2mm或4.0mm，烘干，随用随取。

（4）装配　始焊端装配间隙为 1.5mm，终焊端装配间隙为 2.5mm，两端定位焊，定位焊长度不超过 15mm，并预置反变形量。焊件装配及反变形量预置示意图如图 3-10 所示。

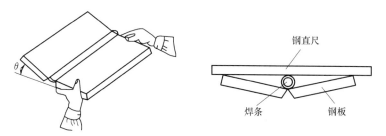

图 3-10　焊件装配及反变形量预置示意图

3. 焊接参数

焊条电弧焊不开坡口板对接平焊焊接参数见表 3-2 。

表 3-2　焊条电弧焊不开坡口板对接平焊焊接参数

焊接层次	焊条直径/mm	焊接电流/A
盖面层	3.2	90~110
	4.0	110~130

4. 操作要领

1）焊接时，始终保持焊条前端距离焊缝表面 3~4mm，以保持电弧稳定。不开坡口钢板对接平焊运条方法一般采用直线形运条法或直线往复运条法，焊条与焊接方向夹角为 60°~70°。

不开坡口钢板对接平焊运条方法如图 3-11 所示，不开坡口钢板对接平焊的焊条角度如图 3-12 所示。

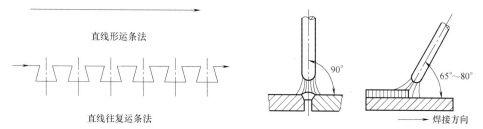

图 3-11　不开坡口钢板对接平焊运条方法　　图 3-12　不开坡口钢板对接平焊的焊条角度

2）焊接时采用短弧焊接，以获得较小的熔池和整齐的焊缝成形。平焊熔池示意图如图 3-13 所示。

3）焊接操作中，若发现熔渣与铁液混合不清，可把电弧拉长一些，同时将焊条向焊接方向倾斜，并向熔池后面推送熔渣。这样，熔渣被推到熔池后面，减少了焊接缺陷，维持焊接正常进行。

4）在正面焊接完之后，接着进行背面焊接。焊接背面之前，应清除焊根处的焊渣。

5. 注意事项

1）焊接时，要注意观察熔池状态，如果发现熔渣与铁液距离很近或者熔渣全部覆盖了铁液，产生熔渣超前造成夹渣缺陷，应及时调整焊条角度和焊接电流。

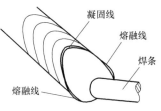

图 3-13　平焊熔池示意图

2）在整个焊接过程中，配合规范的运条，要始终保持正确的焊条角度、均匀的焊接速度以及合适的焊条送进量。

二、焊条电弧焊 V 形坡口板对接平焊

1. 工艺分析

对于开有坡口的板状焊件，一般采用单面焊双面成形的方法焊接。进行打底焊时，熔孔不易观察和控制，在电弧吹力和熔化金属重力下，熔融金属向熔池过渡过程中，焊道背面易产生超高或焊瘤等不良缺陷。填充焊和盖面焊时，如果焊接电流过小容易出现夹渣，焊接电流过大会使焊缝表面波纹粗糙或产生咬边，因此掌握方法仍然有一定的难度。平焊位置的焊接电流一般要比其他焊接位置的焊接电流大 $10\% \sim 20\%$。焊接时，焊条与焊件的夹角为 $60° \sim 80°$，应控制好熔渣和液态金属分离，防止熔渣出现超前现象。

2. 焊前准备

（1）焊机　ZX7-500。

（2）焊件　Q235 钢板，尺寸为 300mm×100mm×12mm，数量为两块。坡口单面角度为 $30°±2°$，钝边为 1~1.2mm，焊件坡口及两侧 20mm 范围内无油、锈、水等污垢。

（3）焊条　E4303 型焊条，焊条直径为 3.2mm 或 4.0mm，烘干，随用随取。

（4）装配　始焊端间隙为 3.2mm，终焊端装配间隙为 4.0mm，焊件装配示意图如图 3-14 所示。

（5）定位焊　在距焊件两端 20mm 以内的坡口面内侧进行定位焊，焊缝长度为 10~15mm。一般情况下，起始端定位焊长度小于末端定位焊的长度，这样可以防止焊接过程中焊缝收缩造成未焊段间隙变窄而影响正常施焊。

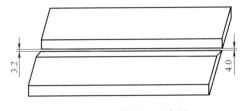

图 3-14　焊件装配示意图

（6）预置反变形量　将已定位焊的焊件坡口面向下，拿住焊件一边，在垫板上轻磕焊件另一边。反变形量经验检测

方法为，在坡口正上方背面放置焊条，并将钢直尺放在被碾弯的焊件两侧，保证中间空隙能通过一根带药皮的施焊焊条，即为反变形量预置合格。

3. 焊接参数

焊条电弧焊 V 形坡口板对接平焊焊接参数见表 3-3。

表 3-3　焊条电弧焊 V 形坡口板对接平焊焊接参数

焊接层次	焊条直径/mm	焊接电流/A	焊条角度/(°)
打底层	3.2	105~115	35~50
填充层	4.0	160~180	70~80
盖面层			

4. 操作要领

（1）打底焊　打底层焊接时，选用直径 3.2mm 的焊条，运条方法应根据根部间隙大小而定，间隙小时，用直线形运条法；间隙大时，用灭弧法运条，以防烧穿或产生焊瘤。

正式焊接前，先在试弧板上调好焊接电流，再在定位焊前方 10~15mm 处采用划擦法引弧。电弧引燃后，要稍做停顿对始焊处进行预热，然后横向摆动向右施焊，待电弧到达定位焊缝右侧前沿时，压低电弧并稍做停顿，在电弧的高温和吹力作用下，焊件坡口根部熔化并击穿形成熔孔，此时应立即将焊条提起至离开熔池 1.5~2mm，继续向右正常施焊。

焊接时，要注意观察熔池的情况，控制铁液和熔渣的流动方向。一般情况下，熔池前方稍向下凹，熔渣从熔池中浮出，并逐渐向熔池后上部集中（如果熔池超前，即电弧在熔池后方时，很容易夹渣）。焊接过程中，一定要注意电弧永远要在熔融铁液的前面，利用电弧和药皮熔化时产生的气体的定向吹力，将铁液吹向熔池的后方，这样既能保证熔深，又能保证熔渣与铁液分离，减少夹渣和气孔。

焊接过程中随时都要观察坡口面的熔合情况，必须清楚地看见坡口面熔化并与焊条熔敷金属熔合形成熔池，熔池边缘与两侧坡口面熔合良好。当焊条还剩 40~50mm 时就要做好熄弧准备，熄弧前把弧坑填平，更换焊条动作要快，应在焊缝红热状态下更换完毕。更换焊条时，将焊条向焊接的反方向拉回 10~15mm，并迅速抬起焊条，使电弧逐渐拉长熄灭。这样可把收弧缩孔消除或带到焊道表面，以便在下一根焊条接头焊接时将其熔化掉。但回焊时间不能太长，尽量使接头处成为斜面，以便接头。更换焊条的运动轨迹如图 3-15 所示。

（2）填充焊　填充层施焊前，先清理打底层焊缝的焊渣和飞溅物，将打底层焊缝接头处打磨平整，然后进行填充焊。

填充焊时，控制好焊道两侧的熔合情况，

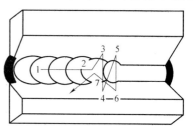

图 3-15　更换焊条的运动轨迹

可采用锯齿形或月牙形运条法，在坡口两侧停留时间要稍长一些，以保证坡口两侧有一定的熔深，并使填充焊道表面稍向下凹。

填充层焊缝的高度应低于母材 0.5~1.5mm。焊接填充焊道时，焊条的摆幅逐层加大，但要注意不能让熔池边缘超出坡口上方的棱边，以便于盖面层焊接时能够看清坡口，为盖面层的焊接打好基础。填充层焊接接头方法如图 3-16 所示。

（3）盖面焊　盖面层施焊时的焊条角度、运条方法及接头方法与填充层焊基本相同。但盖面层施焊时焊条摆动的幅度要比填充层焊大一些。盖面焊运条时要注意摆动幅度一致，运条速度均匀。焊接时必须注意保证熔池边缘不得超过基准线 2mm，否

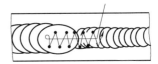

图 3-16　填充层焊接接头方法

则焊缝超宽。盖面焊时，要注意观察坡口两侧的熔化情况，施焊时在坡口两侧稍做停顿，以便使焊缝两侧边缘熔合良好，避免产生咬边，以得到优质的盖面焊缝。

5. 注意事项

1）焊接过程中，注意对焊接电流、焊条角度和电弧长度的调整。

2）焊接时，要注意观察熔池状态，若发现有熔渣和熔池金属混合不清现象，可将电弧拉长、焊条前倾，并做向熔池后方推送熔渣的动作，防止夹渣产生。

3）填充层焊接宜采用短弧操作，焊条角度为 70°~80°，以月牙形或锯齿形运条，坡口两侧要多停一下，中间要快，使焊缝金属圆滑过渡。

4）每层接头要错开，盖面前的一层焊缝金属应比母材低 1~1.5mm，并尽量不破坏坡口两侧的基准线。

5）盖面焊的焊接电流应小于或等于填充焊的焊接电流，应使熔池形状和大小保持均匀一致，焊条与焊接方向夹角应保持 75°左右，采用月牙形运条法和锯齿形运条法。焊条摆动到坡口边缘时应稍做停顿，以免产生咬边。

练习三　焊条电弧焊平角焊

1. 工艺分析

平角焊是指 T 形接头和搭接接头的水平位置的焊接。在焊接结构中多采用 T 形接头形式，搭接接头采用较少，两种接头焊接方法基本相同。平角焊时，熔渣和熔池金属容易出现混搅现象，熔渣容易超前而形成夹渣。

T 形接头分单层焊法、两层焊法、多层焊法及船形焊法等形式。其焊脚尺寸一般随焊件厚度的增大而增加，焊脚尺寸决定焊接层数和焊道数量。当焊脚尺寸在 5mm 以下时，多采用单层焊；当焊脚尺寸为 6~10mm 时，采用多层焊；当焊脚尺寸大于 10mm 时，采用多层多道焊。

T 形接头平角焊操作中易产生垂直板咬边、未焊透、焊脚下垂（水平板焊脚尺寸偏大）、夹渣等缺陷。由不等厚度的钢板组成的角焊缝在平角焊时，要相应地调

节焊条的角度，电弧要偏向于厚板一侧，使厚板所受热量增加。焊接过程中，通过焊条角度的调节，使厚、薄两板受热趋于均匀，以保证接头良好地熔合。平角焊焊条角度如图 3-17 所示。

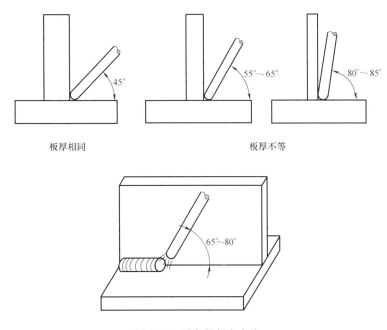

图 3-17 平角焊焊条角度

在平角焊练习操作时，为了节省材料和装配时间，增加焊缝个数，建议将板料组装成图 3-18 所示的形式进行焊接，但正式焊接时必须按规范进行装配。

本练习以相同板厚单层焊、多层多道焊为例。

2. 焊前准备

（1）焊机 ZX7-500。

（2）焊件 Q235 钢板，尺寸为 300mm×100mm×12mm，数量为两块。

（3）焊条 E4303 型焊条，焊条直径为 3.2mm 或 4.0mm，烘干，随用随取。

（4）焊前清理 将水平板的正面中心两侧 30～50mm、垂直板接口的边缘 30mm 范围内的铁锈和油污清理干净。

（5）装配及定位焊 将焊件装配成 90°T 形接头，不留间隙。定位焊的位置应在焊件两端的前后对称处，定位焊缝要求薄而牢。四条定位的焊缝的长度均为 10～15mm。装配完毕应校正焊件，保证立板的垂直度。焊件装配及定位焊示意图如图 3-19 所示。

3. 焊接参数

焊条电弧焊平角焊焊接参数见表 3-4。

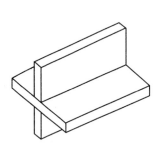

图 3-18 平角焊练习时焊件装配形式

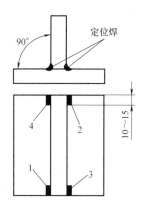

图 3-19 焊件装配及定位焊示意图

表 3-4 焊条电弧焊平角焊焊接参数

焊接方法	焊脚尺寸/mm	焊接层次	焊条直径/mm	焊接电流/A	推荐运条方法
单层焊	≤5	一层一道	3.2	120~140	直线形
两层焊	6~10	第一层	3.2	120~140	直线形
		第二层	4.0	140~160	斜圆圈形
两层三道焊	≥10	第一道	3.2	120~140	直线形
		第二、三道	4.0	140~160	

4. 操作要领

（1）单层焊 当焊脚尺寸小于 5mm 时，通常用单层焊。焊条直径的选择由焊脚尺寸的大小来确定，如果焊脚尺寸较大，焊条直径就相应选择大一些。操作时，可采用直线形运条法，短弧焊接，焊接速度要均匀。焊条与平板的夹角为 45°~60°，与焊接方向的夹角为 65°~80°，运条过程中要始终注视熔池的熔化状况。一方面要保持熔池在接口处不偏上或偏下，以便使立板与平板的焊道充分熔合。另一方面保持熔渣对熔化金属的保护作用，如果熔渣超前，容易造成夹渣；熔渣拖后，会使焊缝表面波纹粗糙。运条时，通过调整焊接速度和适当摆动焊条来保证焊件所要求的焊脚尺寸。

（2）两层焊 焊接之前，先由焊脚尺寸来确定焊接层数，进而选择各层相应的焊条直径、焊接电流和运条方法等。两层两道焊焊条角度如图 3-20 所示。

焊接第一层时，一般选择小直径的焊条，焊接电流应稍大些，以达到一定的熔透深度。可以采用直线形运条法，收尾时要填满弧坑。

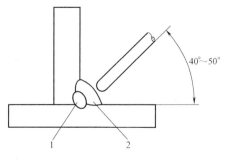

图 3-20 两层两道焊焊条角度

焊接第二层前要先清理干净第一层焊道的焊渣。焊接时，可采用直径为4.0mm的焊条，以便加大焊道的熔宽，采用斜圆圈形运条法，运条过程中要注意焊道两侧的停顿节奏，运条不当易产生咬边、夹渣、边缘熔合不良等缺陷。第二层焊接运条法（斜圆圈形运条法）示意图如图 3-21 所示：由 $a \to b$ 要慢，焊条做微微的往复前移动作，以防熔渣超前。由 $b \to c$ 稍快，以防熔化金属下淌。在 c 处稍做停顿，以添加适量的熔滴，避免咬边。由 $c \to d$ 稍慢，保持各熔池之间形成 1/2~2/3 的重叠，以利于焊道的成形。由 $d \to e$ 稍快，到 e 处稍做停顿。如此反复运条，焊道收尾时要填满弧坑。

（3）多层多道焊　焊脚尺寸大于 10mm 时，采用多层焊会因焊脚较宽、坡度较大、熔化金属容易下淌，影响焊缝成形，所以采用多层多道焊较为适宜。

以两层三道焊为例（两板等厚），焊接第一层焊道时，其操作方法与单层焊相同，焊后清除干净焊渣。焊接第二条焊道时，应覆盖第一层焊道的 2/3 以上，并且保证这条焊道的下边缘达到所要求的焊脚尺寸线。这时的焊条与水平板的角度为45°~60°，以使水平板与焊道熔合良好。焊条与焊接方向的角度仍为 70°~80°。第三条焊道是成形的关键，焊接时，应覆盖第二条焊道的 1/2~2/3，焊条的落点在立板与第二条焊道的夹角处，焊条与水平板的角度为 45°~50°，采用直线形运条法。若希望焊道薄一些，则可以采用直线往复运条法。最终整条焊缝应该宽窄一致、平整圆滑、无咬边和夹渣，不产生焊脚下偏等缺陷。多层多道焊焊道分布示意图如图3-22 所示。

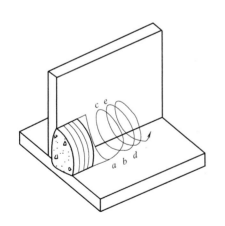

图 3-21　第二层焊接运条法示意图

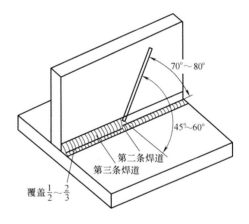

图 3-22　多层多道焊焊道分布示意图

多层多道焊焊接时，其各层焊道接头要相应地错开一定的距离，要求各焊道接头不得重叠，且间隔一般不应小于 30mm，如图 3-23 所示。

（4）焊脚外观质量要求

1）焊缝焊脚和焊缝厚度应符合焊接规范技术要求，以保证焊接接头的强度。

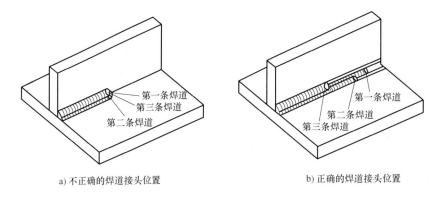

a) 不正确的焊道接头位置　　　　　　　　　b) 正确的焊道接头位置

图 3-23　焊道接头位置示意图

一般情况下，焊脚随焊件厚度增加而增大。

2）焊缝的凹度或凸度应小于 1.5mm，焊脚应对称，其高宽差应小于或等于 2mm。

平角焊焊缝凹度或凸度示意图如图 3-24 所示。

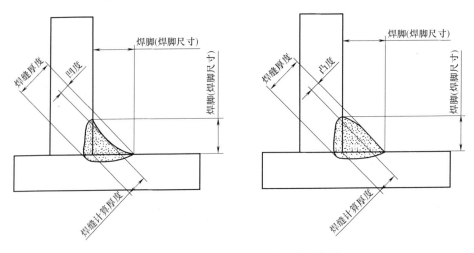

图 3-24　平角焊焊缝凹度或凸度示意图

5. 注意事项

1）在焊接第二条焊道时，应注意观察前方第一层焊道，避免出现焊偏。

2）在焊接第三条焊道时，易出现焊条角度不当、电弧过长、焊条前端位置不正确造成咬边或焊脚下垂等问题，应多加注意。第三道焊接易出现的缺陷示意图如图 3-25 所示。

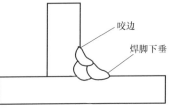

图 3-25　第三道焊接易出现的缺陷示意图

练习四　焊条电弧焊板对接立焊

1. 工艺分析

钢板对接立焊是指与水平面相垂直的立位对接焊缝的焊接。根据焊条的移动方向，立对接焊接方法可分为两类，一类是自上向下立焊，需特殊焊条才能进行施焊，应用较少；另一类是自下向上立焊，采用一般焊条即可施焊，应用较为广泛。

（1）立焊特点

1）熔池金属与熔渣因自重下坠，容易分离。当熔池温度过高时，铁液易下流形成焊瘤、咬边；温度过低时，易产生夹渣等缺陷。

2）焊缝两侧易出现咬边缺陷，操作技术较难掌握。

3）焊接生产率较平焊低。

4）焊接时宜选用短弧焊。

（2）基本姿势和焊钳握法　基本姿势有站姿、坐姿、蹲姿，如图 3-26 所示。一般情况下，底部焊接采用反握法握钳，以后采用正握法握钳，焊钳握法如图 3-27 所示。

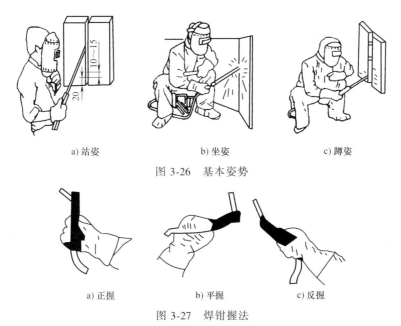

a）站姿　　　　　　b）坐姿　　　　　　c）蹲姿

图 3-26　基本姿势

a）正握　　　　　　b）平握　　　　　　c）反握

图 3-27　焊钳握法

（3）立焊操作的一般要求　立焊操作时，焊条角度向下倾角一般为 60°~80°，电弧指向熔池中心，如图 3-28 所示。

立焊时，选用较小焊条直径（<4.0mm）、较小焊接电流（比平焊小 20% 左右），采用短弧焊接。焊接时要特别注意对熔池温度的控制，打底层一般采用灭弧

焊接，填充层和盖面层焊接多选用锯齿形或月牙形（反月牙形运条法的焊缝成形相对于正月牙形运条法，其余高低，焊缝扁平一些，能够较好地控制铁液下淌。操作者可根据个人不同习惯选用）运条法，三角形运条法采用较少。

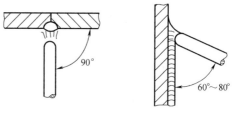

图 3-28　焊条角度示意图

立对接焊运条方法如图 3-29 所示。

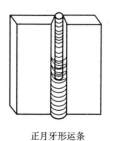 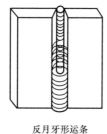 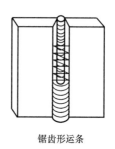 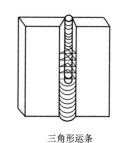

正月牙形运条　　　　反月牙形运条　　　　锯齿形运条　　　　三角形运条

图 3-29　立对接焊运条方法

2. 焊前准备

（1）焊机　ZX7-500。

（2）焊件　Q235 钢板，尺寸为 300mm×100mm×12mm，数量为两块。钢板坡口加工成单面 30°±2°，钝边为 1~1.2mm，焊件坡口及两侧 20mm 范围内无油、锈、水等污垢。

（3）焊条　E4303 型焊条，焊条直径为 3.2mm，烘干，随用随取。

（4）装配　始焊端装配间隙为 3.2mm，终焊端装配间隙为 4.0mm。预置反变形量≤3°，错边量≤1mm。

（5）定位焊　采用 φ3.2mm 的焊条，在焊件背面距两端 20mm 之内进行定位焊，焊缝长度为 10~15mm。定位焊后，将焊缝两端用角磨机打磨，并将坡口内飞溅清理干净。一般定位焊焊接电流应比正常焊接电流大 15%~20%，并将焊件固定在焊接支架上待焊。起始端定位焊的长度小于末端定位焊的长度，这样可以防止焊接过程中焊缝收缩造成未焊段间隙变窄而影响施焊。

3. 焊接参数

焊条电弧焊板对接立焊焊接参数见表 3-5。

表 3-5　焊条电弧焊板对接立焊焊接参数

焊接层次	焊条直径/mm	焊接电流/A	焊接电压/V
打底层		90~110	22~24
填充层(1、2)	3.2	95~110	22~26
盖面层		95~105	22~24

4. 操作要领

（1）打底焊 将焊件垂直固定在距离地面有一定高度的夹具上，间隙小的一端在下，从下向上焊接。打底焊一般采用灭弧法，焊接时在始焊点上方20mm处引弧，将电弧长度控制在4~6mm范围内，缓慢拉至始焊点开始焊接，焊条与焊件的向下倾角为60°~80°，与焊缝左右两边的夹角为90°。引弧后，将电弧压向坡口根部，听到击穿声后，立即向坡口两侧做小幅摆动，形成第一个熔孔后立即熄弧，待熔孔变成暗红色时再在熔孔处重新引弧，形成第二个熔孔，依次重复操作，直至打底焊完成。

打底焊更换焊条要快，更换焊条后引弧位置在前面焊缝下部10~15mm处，用连弧焊至熔孔处再改为断弧继续焊接。打底焊在熔池上方熔透坡口内形成熔孔，如图3-30所示。

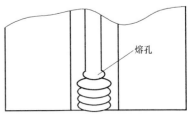

图3-30 熔孔示意图

焊接过程中，要分清铁液和熔渣，避免产生夹渣。应密切注意熔池形状，熔池表面一般呈水平的椭圆形状，当发现椭圆形熔池下部边缘由比较平直轮廓逐步变成鼓肚圆时，表示熔池温度已稍高或过高，应立即灭弧，降低熔池温度，避免产生焊瘤。应严格控制熔池尺寸，打底焊在正常焊接时，熔孔直径大约为所用焊条直径的1.5倍，熔化坡口钝边为0.8~1.0mm，这样可保证焊缝被充分焊透，同时不出现焊瘤；当熔孔直径过小或没有熔孔时，就有可能产生未焊透。打底层焊缝背面高度（背面余高）应控制在0~2mm。

打底焊焊至定位焊缝尾部时，应稍做停顿进行预热后再进行焊接。随着打底层焊接过程的进行，焊接温度会逐渐升高，熔孔尺寸也会逐渐增大，此时要适当减小焊条与焊件下端的夹角，控制灭弧操作频次，以保证打底层焊缝成形质量。

（2）填充焊 填充层焊接前，要对打底层焊缝仔细清渣，特别要注意死角处的焊渣清理。填充焊时，在距始端10~15mm处起弧后，将电弧拉回到焊缝的起始端，采用横向锯齿形或反月牙形运条法摆动，焊条摆动到两侧坡口处要停顿两个节拍，以利于熔化金属熔合及排渣。运条时，焊条与焊件的向下倾角为75°~80°。填充层一般应低于焊件表面1~1.5mm，而且焊道中间应有轻微下凹。填充层焊缝不得熔化坡口棱边线，以保证盖面层焊缝成形美观。

（3）盖面焊 盖面焊一般多采用锯齿形或反月牙形运条法，焊条与焊件的向下倾角为70°~80°。当要求余高稍大时，焊条可做反月牙形摆动；当要求余高稍平时，焊条可做锯齿形摆动。焊条从一侧到另一侧，中间时电弧稍抬高一点，中间的运条速度要稍快些，运条到坡口两侧时，应压低电弧并稍做停留，电弧在坡口两侧停留的时间相对填充焊稍长一些，以能熔化坡口边缘1.5~2mm为准，这样，有利于熔滴的过渡及防止产生咬边。盖面层焊缝边缘要和母材表面过渡圆滑，焊缝应平整美观。盖面层熔池示意图如图3-31所示。

5. 注意事项

1）起弧。先在试弧板上调好焊接电流，一切正常后即可在定位焊前方 10～15mm 处划擦引弧。引燃后将电弧适当拉长，待电弧稳定燃烧后再引至始焊端坡口中心，尽量压低电弧并稳弧 1～2s，当背面发出电弧击穿声后，逐渐将电弧长度调到正常范围，进入正常运条。这样做的目的是对焊缝起点处起预热作用，以保证焊缝始端熔深正常，并有消除引弧点气孔的作用。

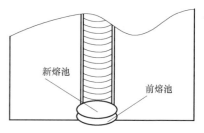

新熔池

前熔池

图 3-31　盖面层熔池示意图

2）运条。打底焊时，熔池形状始终保持为椭圆形，熔池前端始终有一个直径相当于焊芯直径 1～1.5 倍的熔孔，焊条与焊件的夹角为 60°～80°，填充焊时夹角为 75°～80°，盖面焊时为 70°～80°。可采用连续短弧的锯齿形跳弧法或反月牙形横向摆动的运条方法，焊速要适中，摆幅和频步应前后一致。

3）接头方法。

① 热接：当弧坑尚处于红热状态时，在离弧坑后 10～15mm 处引弧。焊到收弧处，电弧往熔孔里伸进稍做停留，接头动作越快越好。

② 冷接：在弧坑已经凝固冷却的情况下，用砂轮将弧坑打磨成斜坡，然后在弧坑前 10～15mm 处引燃电弧，焊至收弧处将焊条往熔孔里压一下，并稍做停留，然后正常焊接。

接头连接得平整与否，不仅和焊工操作技术有关，同时还和接头处的温度高低有关，温度越高，接头越平整。因此，在起头或更换焊条时，当电弧引燃后，应将电弧稍微拉长，对焊缝端头起到预热作用后再压低电弧进行正式焊接。当接头采用热接法时，因为立焊选用的焊接电流较小、更换焊条时间过长、接头时预热不够及焊条角度不正确，会造成熔池中熔渣和铁液混在一起，接头中产生夹渣和造成焊缝过高现象。若用冷接法，则应认真清理接头处焊渣，于待焊处前方 10～15mm 处起弧，拉长电弧到弧坑上 2/3 处再压低电弧进行接头。

4）收弧方法。立焊的收弧方法较简单，多采用反复点焊收尾法，填满弧坑后熄弧即可。

5）焊接时，应注意对熔池形状进行观察与控制。若发现熔池呈扁平椭圆形，如图 3-32a 所示，说明熔池温度合适。若发现熔池的下方出现鼓肚圆时，如图 3-32b 所示，表明熔池温度已稍高，应立即调整运条方法。

a）正常　　　　b）温度稍高　　　　c）温度过高

图 3-32　熔池形状与温度的关系

若不能将熔池恢复到扁平状态，反而鼓肚圆有扩大的趋势，如图 3-32c 所示，表明熔池温度已过高，如果不能通过运条方法来调整温度，应立即灭弧，待降温后再继续焊接。

6）采用跳弧焊时，为了有效地保护好熔池，跳弧长度不应超过6mm。采用灭弧焊时，在焊接初始阶段，因为焊件较冷，灭弧时间短些，焊接时间可长些。随着焊接时间延长，焊缝温度升高，灭弧时间要逐渐增加，焊接时间要逐渐缩短，这样才能有效地避免出现烧穿和焊瘤。

练习五 焊条电弧焊立角焊

1. 工艺分析

焊条电弧焊T形接头、塔形接头焊缝处于立焊位置的焊接称为立角焊。其焊接位置特点是焊件垂直固定，焊接操作在垂直方向进行。焊接时，熔滴和熔池中的熔化金属由于受重力的作用容易下淌，使焊缝成形困难。底层焊缝（顶角处）容易出现未焊透，外层焊缝容易出现两侧与母材熔合不良和咬边的缺陷。施焊时，应根据不同的板厚和焊脚尺寸的要求，采用短弧和适当的运条方法焊接。对焊脚尺寸较小的焊缝可采用直线往复运条法焊接。焊脚尺寸较大时，可采用月牙形、三角形、锯齿形等运条方法。但焊条摆动的宽度应不大于所要求的焊脚尺寸。在立角焊时，应注意焊条的位置和倾斜角度，使两块钢板均匀受热，以保证熔深。

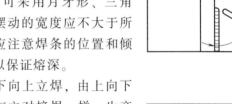

立角焊可由上向下立焊和由下向上立焊，由上向下立焊需特殊焊条才能进行施焊。与立对接焊一样，生产中多采用由下向上的焊接方法焊接。

立角焊焊接层数根据焊件厚度来确定，焊脚尺寸小于6mm时采用单层焊，大于6mm时采用多层焊或多层多道焊。

立角焊焊条角度如图3-33所示。

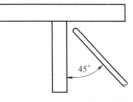

图 3-33 立角焊焊条角度

在立角焊练习操作时，为了节省材料和装配时间，增加焊缝个数，建议将板料组装成图3-34所示的形式进行焊接，但正式焊接时必须按规范进行装配。

2. 焊前准备

（1）焊机 ZX7-500。

（2）焊件 Q235钢板，尺寸为300mm×150mm×12mm，数量为两块。

（3）焊条 E4303型焊条，焊条直径为3.2mm，烘干。

（4）焊前清理 将水平板的正面中心两侧30~50mm范围

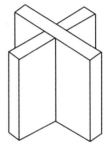

图 3-34 立角焊练习时焊件装配形式

内的铁锈、水分等清理干净,再将立板接口边缘 20mm 范围内的铁锈、油污等清理干净。

（5）定位焊　对焊件进行定位焊,定位焊的位置应在焊件两端,定位焊缝长为 10~15mm。

（6）焊件校正　定位焊后要进行校正,这是焊接过程中不可缺少的工序,它对焊接质量起着重要的作用,是保证焊件外形尺寸的关键。

3. 焊接参数

焊条电弧焊立角焊焊接参数见表 3-6。

表 3-6　焊条电弧焊立角焊焊接参数

焊接层次	焊条直径/mm	焊接电流/A	焊接电压/V
打底层		90~110	22~24
填充层	3.2	100~120	22~26
盖面层		100~110	22~24

4. 操作要领

焊条电弧焊立角焊与立焊一样,焊接时铁液和熔渣易下坠,母材两侧易产生咬边,焊接时应控制好焊条角度,同时要注意在两侧的停留时间,打底层焊接多采用三角形运条法,填充层和盖面层焊接一般采用月牙形、锯齿形或三角形运条法。

（1）两层焊　第一层焊接采用跳弧操作手法进行,施焊时从工件下端定位焊缝处引弧,引燃电弧后拉长电弧做预热动作,当达到半熔化状态时,立即压低电弧至 2~3mm,使焊缝根部形成一个椭圆形熔池,随即迅速将电弧向上提高 3~5mm,等熔池冷却为一个直径约 3mm 的暗红点时,将电弧下降到引弧处,重新引燃电弧焊接,新熔池覆盖前一个熔池约 2/3,如此不断重复,直至完成第一层焊缝的焊接。

第二层焊接时可选用连弧焊,但焊接时要控制好熔池温度,若出现温度过高时应随时灭弧,待熔池温度降低后再起弧焊接,从而避免焊缝过高或焊瘤的出现。采用三角形运条时,焊条与两侧焊件夹角为 45°,下倾角为 65°~80°。当出现第一个熔池后,电弧应较快地沿立板一侧从右（或从左）向上,并沿焊缝中心线方向挑弧（挑弧距离不大于 6mm）。实际挑弧距离还要根据熔池温度情况做相应的调整。当看到熔池金属瞬间冷却成一个暗红点,熔池形状逐渐变小时,将挑高的电弧沿接缝中间下移至熔池的 2/3 处,熔滴下落的同时压短电弧,做从左往右（或从右往左）的横向摆动,并在焊缝两侧稍做停留,以免产生咬边。然后电弧再沿焊缝中心线方向从右（或从左）向上挑弧,重复前一次运条过程。

运条过程中,要注意控制熔池温度与形状,保持短弧,运用手腕技巧,节奏快慢分明,运条频幅一致。

采用锯齿形或月牙形运条法时,焊接电流相对要小一些,两侧依旧要稍做停留，中间运条要快，电弧在熔池内运条，上升速度要慢一些，用短弧焊接。

立角焊焊条运条方式示意图如图 3-35 所示。

焊缝接头应采用热接法，做到快、准、稳。若采用冷接法，应彻底清理接头处的焊渣，操作方法类似起头。焊后应对焊缝进行质量检查，发现问题应及时处理。

（2）多层多道焊 第一层焊接要注意焊缝要平或略下凹，不能凸起。因为凸焊缝在边缘易形成锐角，在焊接下一层时特别容易产生夹渣。采用三角形运条法焊接的焊缝，焊后清渣一定要彻底。

第二层焊接一般采用单道或两道焊法。采用单道焊时，可采用锯齿形或月牙形运条法，焊接电流为 110~120A。焊缝的成形以为平最好，也可以采用三角形挑弧法，焊接时要控制好焊缝厚度。

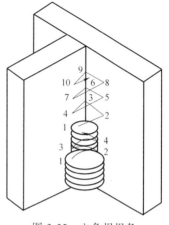

图 3-35 立角焊焊条
运条方式示意图

采用两道焊时，一般先焊左侧，以第一层焊缝左侧边缘为中心，焊缝右边缘压第一层焊缝的最高点（压焊缝 1/2 处）。第二道采用同样方法，压焊缝的最高点，保持两道焊缝之间没有沟槽，过渡圆滑。

5. 注意事项

1）焊接时，要特别注意对熔池形状、温度、大小的控制，接头时要注意接头位置，避免脱节现象发生。

2）焊条在焊缝两侧要有适当的停留时间，焊条摆动步距和摆幅要基本一致，避免出现咬边。

3）采用短弧施焊，缩短熔滴过渡到熔池的距离。

练习六　焊条电弧焊板对接横焊

1. 工艺分析

横对接焊是指焊件在空间位置处于垂直状态，焊接方向与水平面平行的一种焊接操作方法。横焊焊缝由于其本身的位置特点，决定了在正常生产中应用比较少。其焊接操作难度比较高，在操作中应充分利用电弧吹力和电磁作用力，必须保持最短电弧的长度，使熔滴在很短时间内过渡到熔池中，以保证焊缝成形。

1）与立焊相似，熔池铁液因自重下坠，易形成未熔合和层间夹渣。横焊过程中如果运条不当，易出现焊缝上侧咬边，下侧产生焊瘤等缺陷。

2）在焊接操作过程中，由于焊接时上坡口温度高于下坡口，因此在上坡口处不宜进行稳弧操作，正确的运条方法是快速将电弧拉至下坡口的根部，做微小的横拉稳弧动作。同时应根据坡口间隙大小适当调整焊条焊接角度，间隙小时，加大焊条焊接角度，间隙较大时，适当减小焊条焊接角度。

3）选用小直径焊条和较小的电流焊接，短弧操作，以控制熔化金属流淌。

4）在实际生产中经常出现不开坡口的横焊位置的对接焊缝，这种焊缝一般要求不太高，仅需保证一定的熔深和外观成形即可。对于较薄或者焊缝间隙较小的焊件，宜采用直线往复运条法；对于较厚或者焊缝间隙较大的焊件，多采用直线形或斜圆圈形运条法，背面焊缝采用直线形运条法，焊接电流可适当加大一些。

开坡口的对接横焊，采用多层焊时，打底层如果用酸性焊条，一般用灭弧法焊接，如果用碱性焊条，则采用连弧操作，宜采用直线形或直线往复运条法焊接，其余各层均采用斜圆圈形运条法焊接。这样，既能保证熔深，又能保证焊接时铁液不下淌。多层多道焊时，多采用直线形运条法或直线往复运条法焊接。横焊焊条角度如图 3-36 所示。

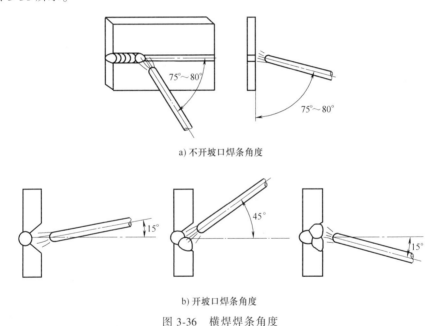

a) 不开坡口焊条角度

b) 开坡口焊条角度

图 3-36　横焊焊条角度

直线往复运条示意图如图 3-37 所示，多层多道焊焊接顺序示意图如图 3-38 所示。

2. 焊前准备

（1）焊机　ZX7-500。

（2）焊件　Q235 钢板，尺寸为 300mm×150mm×12mm，数量为两块。钝边为 1~1.5mm，焊件坡口及两侧 20mm 范围内无油、锈、水等污垢。

（3）焊条　E4303 型焊条，焊条直径为 3.2mm 或 4.0mm，烘干。

（4）装配及定位焊　始焊端间隙为 3.2mm，终焊端间隙为 4.0mm。在焊件背面两端进行定位焊，定位焊必须要牢固，焊缝长度为 10~15mm，焊件预置反变形量为3°，错边量≤1mm（注意：组对前应仔细检查错边量，确保在规定要求范围之内才能施焊）。

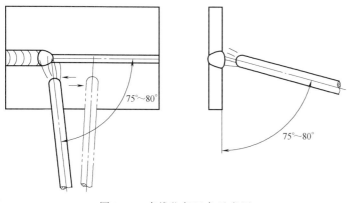

图3-37　直线往复运条示意图

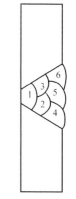

图3-38　多层多道焊
焊接顺序示意图

3. 焊接参数

焊条电弧焊板对接横焊焊接参数见表3-7。

表3-7　焊条电弧焊板对接横焊焊接参数

焊接层次	运条方法	焊条直径/mm	焊接电流/A
打底层	断弧焊接	3.2	105～110
填充层	斜圆圈形、直线形和锯齿形运条	4.0	110～120
盖面层	直线形运条或直线往复运条	3.2	130～140

4. 操作要领

（1）打底焊

1）连弧焊接。先在焊件定位焊前端焊缝上引弧，并稍做停留进行预热后，将电弧上下摆动，移至定位焊缝尾部与坡口连接处，压低电弧，待坡口熔化并击穿形成熔池后，转入正常焊接。运条过程中要采用短弧，运条时，从坡口上侧向下侧的运条速度要慢一些，以防止产生夹渣，并保证填充金属与焊件熔合良好。从下侧向上侧的运条速度要快一些，以防止液态金属下淌。

2）灭弧焊接。灭弧法采用一点击穿法，在定位焊前引弧，随后将电弧拉到定位焊的尾部预热，待坡口钝边即将熔化时，将熔滴送至坡口根部，并压低电弧，看到出现熔孔形成熔池后，立即灭弧。当熔池边缘颜色变暗，熔池中心部位还处于熔融状态时，立即在熔池中间引弧，并压低电弧，待形成新的熔池后灭弧。如此反复，直至完成打底焊道焊接。每次引弧位置始终在前一个熔池的中间，后一个熔池应覆盖前熔池的2/3，灭弧次数一般为50～60次/min。

打底焊需要换焊条进行接头时，为防止产生弧坑缩孔，必须向熔池背面多补充几滴熔滴，然后将电弧拉到熔池的侧后方灭弧。更换焊条时速度要快，换好焊条后最好在熔池尚处于红热状态下引弧施焊。接头位置应选在熔池前沿约 10mm 处，利用电弧的加热和吹力，重新击穿坡口钝边，保证根部焊透，待形成新的熔池后，再转入正常的灭弧焊接。

打底焊时，熔池形状始终保持为椭圆形，熔池前端始终有一个直径相当于焊芯直径 1~1.5 倍的熔孔，焊条与焊件的右倾角为 60°~80°，向下倾角为 50°~60°。打底层焊道要求光滑，并且不能太宽。

（2）填充焊　填充层焊两层，各填充层均采用连弧多道焊接。由坡口下方开始焊接，逐道向上排列。每道焊缝压上道焊缝 1/2，从左至右焊接。填充最后一层的高度距坡口边缘线 1~2mm，并不能破坏上下坡口边缘线，以它为盖面的基准线。换焊条操作技术和立焊相同。

1）填充层第一层焊接（如果打底焊道较厚，则填充焊为一层两道焊）。在坡口内引弧，将电弧拉到起焊处下坡口熔合线边缘，并使一部分电弧外露于坡口，然后压低电弧向上向右运动到起焊处上方熔合线 3 处并稍做停留，待上方充分熔合并填满后再压低电弧以 45°向下运动（向下运动时不可过快），至下熔合线后焊条再沿下熔合线 2 处向前运动几毫米，不停留，然后快速向上运动，即由 1→2 要慢一些，迅速向斜上方拉向 3 处，并在 3 处稍做停顿，由 2→3 要快一些，如此反复运条，完成填充焊第一层焊接。开坡口对接横焊填充层运条示意图如图 3-39 所示。

2）填充层第二层焊接。填充焊第一层焊完后焊道宽度较宽，如果再采用圆圈形或斜锯齿形运条法，会由于熔池体积过大而不易控制，所以这一层应采用多道焊，一般采用一层两道的方法。

下侧焊道的焊接：焊条与焊件的夹角约为 85°，在坡口内起焊，引弧位置要距离起焊处一定距离，引燃电弧后拉至起焊处，一

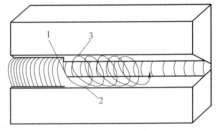

图 3-39　开坡口对接横焊填充层运条示意图

部分电弧稍外露于焊件，待熔渣稍外流时，压低电弧倾斜焊条用直线形运条法向前运动，要保证一少部分电弧熔化下熔合线及下坡口，大部分电弧位于前一层焊道上。

下侧焊道必须满足：

① 焊道形状要成为一个台阶或近似台阶状，这样有利于更好地托住上侧焊道，使整层焊缝基本平整。

② 给上侧要焊的焊道预留好合适的位置，上侧焊道根部的宽度大约相当于焊条的直径。

上侧焊道的焊接：当根部宽度稍小于焊条直径时，采用直线形或直线往复运条

法；当焊道宽但不深时，采用斜锯齿形运条法；当焊道宽而深时，采用斜圆圈形运条法；当焊道窄而深时，采用直线往复运条法（可以很好地防止根部未熔合）。

（3）盖面焊 盖面焊采用连弧法焊接，由坡口下方始焊，逐道向上排列，每一道覆盖前一焊道约1/2。第一道焊道以熔化下侧坡口边缘1~2mm为宜，焊条与焊接方向的夹角要随熔渣的流动而改变，始终使熔渣紧跟电弧，熔渣不可下淌，以获得与下坡口过渡圆滑的焊道。最上方焊道以熔化上侧坡口边缘1~2mm为宜。多层多道焊焊条角度如图3-40所示。

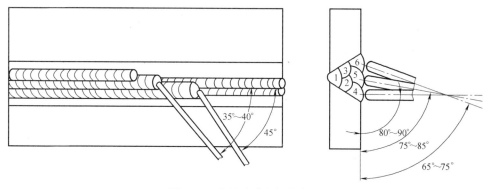

图3-40 多层多道焊焊条角度

5. 注意事项

1）打底层焊接时，要求运条动作迅速、位置准确，以保证根部熔透均匀，背面成形饱满。

2）焊接各层时，必须注意观察上、下坡口熔化情况。熔池要清晰，无熔渣浮在熔池表面时，焊条才能向前移动。

3）多层多道焊时，要特别注意控制焊道间的重叠距离，焊速要均匀，焊道控制要直，每条焊道都要对准前一焊层（道）形成的沟槽处，逐道由下向上排列施焊，以防熔融金属下滑影响焊道成形。

4）盖面层焊缝的边缘焊道施焊时，运条应稍快，中间焊道运条应稍慢，这样有利于焊缝两侧圆滑过渡，获得良好的表面成形。

练习七 焊条电弧焊板对接仰焊

1. 工艺分析

钢板对接仰焊是指焊条位于焊件下方，焊件水平固定，坡口向下，焊缝熔池位于燃烧电弧的上方，焊工仰视（一般为斜仰位，即前方45°位置）焊接的过程。焊条电弧焊仰焊焊接过程中，由于熔化的金属因重力作用容易下坠，使熔滴过渡和焊缝成形困难，熔池形状和大小不好控制。焊缝成形不好，操作时熔池情况不易观察，控制运条不当时容易造成焊缝正面产生焊瘤或高低差大，背面容易产生凹陷、夹渣等缺陷。钢板对接仰焊是平板对接焊的四种位置中最困难的一个位置。

钢板对接仰焊时，必须注意尽可能地采用最短弧施焊，使熔滴金属在很短的时间内由焊条端部过渡到熔池中去，促使焊缝成形。

对于不开坡口的对接仰焊，其焊接电流一般比平焊小 15% 左右，焊条与焊缝两侧的夹角为 90°，与焊接方向的夹角为 75°~90°。如果采用酸性焊条焊接，打底焊建议采用灭弧法，填充焊和盖面焊宜采用锯齿形运条法或反月牙形运条法，短弧操作，并适当地注意焊缝两侧停留时间。

对于开坡口的对接仰焊，由于钢板装配时留有一定的装配间隙，始焊时，往往难以形成良好的熔池，会产生始焊处正面焊缝过高、背面焊缝易形成严重内凹或者夹渣现象。对此，可采用单边引弧法，即先在坡口一侧引弧，引弧后立即稍拉长电弧，加热另一侧坡口后，再压低电弧，向坡口另一侧摆动，在这个过程中，另一侧母材也受到预热作用，促使焊条熔化与母材相连，形成熔池，避免背面内凹现象。

用碱性焊条打底焊时，也可采用连弧操作，一般在坡口两侧停留时间略长一些，中间过渡速度相对要快些，以防止中间温度过高，采用月牙形或锯齿形运条法均可，每次形成的熔池与已凝固的熔池覆盖部位不宜过多。盖面焊无论采用哪种焊条焊接，均采用锯齿形或月牙形连弧运条。焊接运条与焊接方向的夹角如图 3-41所示。

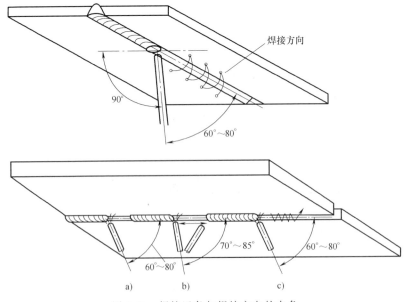

图 3-41　焊接运条与焊接方向的夹角

2. 焊前准备

（1）焊机　ZX7-500。

（2）焊件　Q235 钢板，尺寸为 300mm×150mm×12mm，数量为两块。

（3）焊条　E4303 型焊条，焊条直径为 2.5mm 或 3.2mm，烘干。

（4）焊前清理　焊前清理坡口面及靠近坡口上、下两侧 20mm 范围内的油、氧化物、铁锈、水分等污物，打磨干净，至露出金属光泽为宜。

（5）焊件装配　始焊端的装配间隙为 3.2mm，终焊端的装配间隙为 4.0mm。错边量两边均不大于 1mm（注意：组对前应仔细检查错边量，确保在规定要求范围之内才能施焊）。预置反变形量为 3°~4°。焊件焊缝两端应进行定位焊，焊缝长度为 10mm。焊件装配示意图如图 3-42 所示。

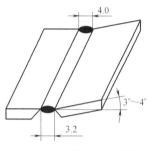

图 3-42　焊件装配示意图

3. 焊接参数

焊条电弧焊板对接仰焊焊接参数见表 3-8。

表 3-8　焊条电弧焊板对接仰焊焊接参数

焊接层次	焊条直径/mm	焊接电流/A
打底层(1)	2.5	70~90
填充层(2、3)	3.2	100~120
盖面层(4、5、6)		100~110

4. 操作要领

（1）打底焊

板对接仰焊的打底焊有连弧法和灭弧法两种，两种方法各有所长。灭弧法可以保证打底焊缝有良好的成形，能有效地控制焊缝下垂、背面内凹，缺点是由于焊接过程处于间断状态，容易出现气孔、夹渣等缺陷，焊接效率低。连弧法可以使焊接过程连续化，能够有效地保证焊接质量，焊接效率高，但操作方法不当（尤其在焊接接头处）会造成焊缝下垂，背面内凹。初学者打底焊建议采用灭弧法。

1）连弧法。在定位焊缝上引弧，并使焊条在坡口内做轻微横向快速摆动，当焊至定位焊缝尾部时，应稍做预热，将焊条向上顶一下，使坡口根部熔透，形成第一个熔池，并形成熔孔（熔孔向坡口两侧各深入 0.5~1.0mm）后进入正常焊接。

运条方法一般采用直线形或直线往复、锯齿形等。当焊条摆动到坡口两侧时，要稍做停顿，使填充金属与母材充分熔合，并应防止与母材交界处形成死角，以免形成夹渣及未熔合缺陷。焊条与焊件两侧夹角为 90°，与焊接方向的夹角为 70°~85°。

焊接时，尽量将电弧压至最短，利用电弧吹力把铁液托住，并使一部分铁液过渡到坡口根部背面。焊接过程中要适当加快焊接速度，以减少熔池面积并形成较薄的焊道，避免形成焊瘤。焊道表面要求平直，避免下凸，否则给填充焊接带来困难。

收弧时，将电弧向熔池的熔孔后移8～10mm，再灭弧，使焊缝形成斜坡。

接头方法有热接法和冷接法两种，具体操作方法如下：

① 热接法：用热接头法焊接时，换焊条动作越快越好。在弧坑后面10mm的坡口内引弧，当运条到弧坑根部时，应缩小焊条与焊接方向的夹角。同时，将焊条顺原熔孔向坡口根部做向上顶压动作，听到"噗、噗"的声音后，稍停并恢复正常手法焊接。

② 冷接法：用角磨机或錾子将收弧处加工成10～15mm的斜坡。在斜坡上引弧并预热，运条至收弧根部，将焊条顺着原先熔孔迅速向上顶，听到"噗、噗"的声音后，稍做停顿，恢复正常手法焊接。

2）灭弧法。开始焊接时，焊条与焊接方向的夹角为80°～95°，与焊件两侧夹角为90°，采用一点击穿的手法施焊。在定位焊缝上引弧，引弧后，迅速给焊条一个向上的顶力，压低电弧熔化钝边，听到"噗、噗"的声音，表示坡口根部已被熔透，待根部熔池形成，并使熔池前方形成向坡口钝边两侧各深入0.5～1mm的熔孔后，向斜下方快速灭弧。当熔池颜色变为暗红色时，立即引弧，将焊条再次向坡口根部顶压，保证两侧坡口钝边完全熔化并形成新的熔孔后，再向斜下方快速灭弧。如此不断重复，直至打底焊道焊接完成。灭弧动作要快速、干净利落，焊条每次引弧后必须要有一个向上顶压的动作，这样有利于电弧吹力顺利地把熔滴过渡到坡口背面，以保证坡口正反两面金属熔化充分和焊缝成形良好。

更换焊条前，应在熔池前方形成熔孔，然后回移约10mm灭弧。迅速更换焊条时，在弧坑后面10～15mm坡口内引弧。用连弧法运条到弧坑根部时，将焊条沿着预先做好的熔孔向坡口根部做向上顶压动作，听到"噗、噗"的声音声后稍停顿，立即向已形成的焊缝方向灭弧。接头完成后，继续正常进行打底焊接。

（2）填充焊　焊前先清除打磨打底焊道和坡口表面的飞溅和焊渣，并用角磨机将局部凸起的焊道磨平。填充焊分两层进行，采用连弧焊接。在离焊缝始端10～15mm处引弧，然后将电弧拉回始焊处进行施焊。焊条与焊接方向的夹角约为85°，采用短弧锯齿形或月牙形运条。焊条摆动到两侧坡口时稍做停顿，即两侧慢、中间快，以形成较薄的焊道。

施焊时，保持熔池呈椭圆形，并保证大小一致、焊道平整。焊接最后一道填充层时，要保证坡口边缘线完整，其高度距焊件表面1～2mm为宜。填充焊焊道形状如图3-43所示。

填充焊时应注意：

1）填充层第一层焊接时，焊条做小幅摆动，摆动时在焊道两侧与坡口面的夹角处做少许停留，使夹角处充分熔化，与打底层焊道应充分熔合。焊成的焊道要光滑平整，为随后的第二道填充焊道施焊创造良好的条件。

2）填充层第二层焊接时，由于焊缝宽度增大，焊条摆动的幅度也随之加大，

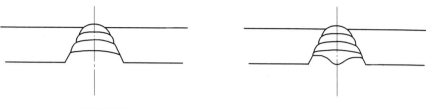

a) 合格的填充层　　　　　　　　　　　b) 表面凸出太多不合格的填充层

图 3-43　填充焊焊道形状

注意不要将电弧摆出坡口外，造成坡口损伤。同时应严格控制预留坡口的深度，（预留坡口的深度一般为 1~1.5mm），为盖面层施焊打好基础。

3）焊接时，要使焊条与焊件在左右方向上处于垂直状态，以避免填充层焊缝左右不等厚，影响焊缝成形。

（3）盖面焊　操作时要注意坡口两侧的熔合情况，运条至坡口两侧时，焊条可做适当停留。灵活调整电弧与坡口间的角度，以防止产生咬边、未熔合等缺陷，确保焊缝与母材边缘过渡圆滑，成形美观。

盖面焊引弧操作方法与填充焊相同。采用连弧手法施焊。焊条与焊接方向的夹角为 85°~90°，与焊件两侧夹角为 90°。采用短弧焊接，并采用锯齿形或月牙形运条。焊条摆到坡口边缘时，要稍做停顿，以坡口边缘线为准熔化 1~2mm，防止咬边。焊接过程中，应根据填充焊道的高度，调整焊接速度，尽可能地保持摆动幅度均匀，使焊道平直均匀，不产生两侧咬边、中间下坠等缺陷。

接头采用热接法，换焊条前，应对熔池稍稍填铁液，更换焊条动作要迅速。换焊条后，在弧坑前 10~15mm 处引燃电弧，迅速将电弧拉回到弧坑处做横向摆动，使弧坑重新熔化形成新的熔池，然后进行正常焊接。

盖面层焊接时难度最大的是控制咬边量，咬边是盖面层焊接时最难克服的缺陷，产生的原因是咬边处液态金属重力较大，造成下垂所致。盖面层焊接时，焊条摆动要均匀，在坡口的两侧一定要压低电弧，使边缘部位熔化控制在 1mm 左右，选用合适的焊接电流，避免因热输入偏大而造成的咬边缺陷。

5. 注意事项

1）钢板对接仰焊运条较困难，容易造成烫伤，所以在焊接过程中要做好劳动保护。

2）当焊件的厚度为 4mm 左右时，仰焊可采用不开坡口的对接焊，焊条直径为 3.2mm，与焊接方向保持 80°~90° 的夹角，在整个施焊过程中，焊条在保持焊接角度的同时要均匀地运条。

3）当焊件厚度大于或等于 6mm 时，对接仰焊均应开坡口。对于开坡口的对接仰焊打底层焊接的运条方法，应根据坡口间隙的大小，来决定选用直线形或直线往复运条方法，其后各层均宜用锯齿形或月牙形运条方法。

4）T形接头焊缝仰焊，当焊脚尺寸小于 8mm 时，应采用单层焊；当焊脚尺寸大于 8mm 时，应采用多层多道焊。运条方法：当焊脚尺寸较小时，可采用直线形或直线往复运条法，单层焊接完成；当焊脚尺寸较大时，可采用多层焊或多层多道焊，第一层应采用直线形运条法，其余各层可选用斜三角形或斜圆圈形运条法。无论采取哪一种运条方法，每一次向熔池过渡的焊缝金属均不宜过多。T形接头填角仰焊焊接顺序及运条方法如图 3-44 所示。

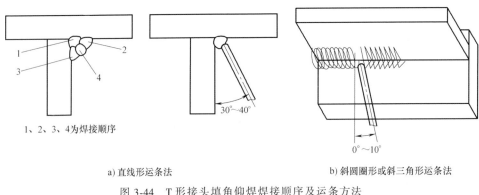

1、2、3、4为焊接顺序

a) 直线形运条法　　　　　　　　　　　　b) 斜圆圈形或斜三角形运条法

图 3-44　T形接头填角仰焊焊接顺序及运条方法

练习八　焊条电弧焊管对接水平固定焊

1. 工艺分析

管对接水平固定焊包括仰、立、平等位置的焊接，操作难度比较大，焊接过程中，要求施焊者站、蹲的角度和焊条的角度必须适应管子环形焊缝焊接位置变化的需要。通常中、小管焊接时，以截面中心垂直线为界面分成两部分，先焊的一半称为前半圈，后焊的一半称为后半圈，施焊时按仰、立、平焊位置顺序由下向上进行，即在仰焊位置起焊，在平焊位置收尾。

焊条电弧焊管对接水平固定打底焊经常会产生焊道烧穿或在仰焊位置形成内凹等缺陷。盖面焊时，熔池外形和大小不易控制，易造成焊道外观成形超高、过窄、咬边等缺陷。焊接时，为了控制熔池的温度和形状，除了采用灭弧法焊接技术外，主要靠摆动焊条来控制热量，对焊工操作技能要求较高。

（1）工艺特点　管子环形焊缝不能双面施焊，必须从工艺上保证第一层焊透，且背面成形良好。如果把管子的横断面看成钟表面，则焊接开始时，以 6 点、12 点分为两个半圆分别进行焊接。从 6 点→9 点→12 点为左半圈，从 6 点→3 点→12 点为右半圈。在焊接过程中均按仰焊→仰爬坡→立焊→上爬坡→平焊位置的顺序进行，这样的焊接顺序有利于对熔池金属与熔渣的控制，便于焊缝成形。要求焊条角度必须随焊接位置变化而变化，焊接位置与时钟关系如图 3-45 所示，管对接水平固定焊焊接顺序如图 3-46 所示。

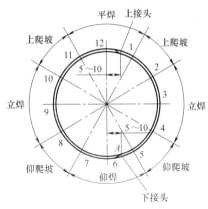

图 3-45 焊接位置与时钟关系

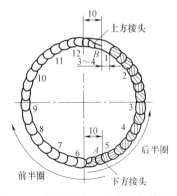

图 3-46 管对接水平固定焊焊接顺序

（2）装配定位要求

1）管子装配必须对正，以免中心线偏斜，应下部间隙小、上部间隙大。

2）为保证根部焊缝的背面成形，不开坡口薄壁管的对口间隙取壁厚的一半，开坡口管子的对口间隙，采用酸性焊条时，以小于或等于焊条直径为宜，采用碱性焊条时，以等于焊条直径的一半为宜。

3）当管径≤42mm时，在一处进行定位焊；当管径为42～76mm时，在两处进行定位焊；当管径为76～133mm时，可在三处进行定位焊。定位焊及装配固定示意图如图3-47所示。

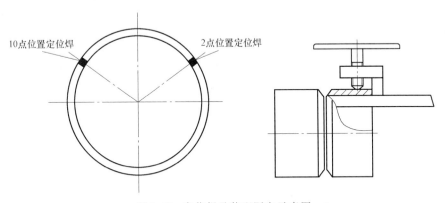

图 3-47 定位焊及装配固定示意图

4）对于直径较大的管子，尽量采用将筋板焊到管子外壁定位的方法，临时固定时管子接口要对正，以避免定位焊处产生缺陷。

（3）焊条角度 一般来说，焊条在仰焊、仰爬坡、上爬坡、平焊位置与焊管的半径方向夹角为0°～15°。前半圈与后半圈相对应的焊接位置，焊条角度应相同，焊条角度如图3-48所示。

（4）运条方法 电弧在时钟5～6点位置A处引燃后，以稍长的电弧加热该处

1~2s，压低电弧至坡口根部间隙，看到熔滴过渡并出现熔孔时，焊条稍微左右摆动并向后上方顶，待熔融金属与钝边金属熔合后，恢复正常焊接，焊接过程中必须采用短弧将熔滴送到坡口根部。

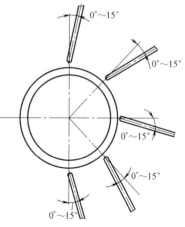

图 3-48　焊条角度

爬坡仰焊位置焊接时，电弧做月牙形摆动并在两侧钝边处稍做停顿，看到熔化的金属在坡口根部熔入坡口两侧 1~2mm 时再移弧。

时钟 9~12 点、3~12 点位置（立焊爬坡）焊接手法与时钟 6~9 点、6~3 点位置大体相同，所不同的是管子温度开始升高，加上焊接熔滴、熔池的重力和电弧吹力等作用，在爬坡焊时极易出现焊瘤，所以要保证持短弧快速运条。

（5）与定位焊缝接　焊接过程中，焊缝要与定位焊缝相接时，焊条要向根部间隙位置顶一下，当听到"噗噗"声后，将焊条快速运转到定位焊缝另一端根部预热，焊条要往根部间隙处压弧，听到"噗噗"声后，稍做停顿，恢复正常手法焊接。

（6）收弧　当焊接接近收弧时，焊条应该在收弧处稍微停顿一下，然后将焊条向坡口根部间隙压弧，让电弧击穿坡口根部，听到"噗噗"声后稍做停顿，然后继续向前施焊 10~15mm，填满弧坑。

多层焊时，其他各层的焊接也应分两半进行施焊，在外层施焊时，应选用较大的焊接电流，并适当控制运条。当焊接外部第二层焊缝时，仰焊时运条应较快，平焊时运条应缓慢。当坡口间隙不宽时，仰焊部分的起焊点可以选择焊道中央；当坡口间隙较宽时，应从坡口一侧起焊。

2. 焊前准备

（1）焊件材料　20 钢管。

（2）焊件规格　$\phi114mm\times8mm\times100mm$ 组对，单边坡口角度为 $30°\pm2°$

（3）焊接材料　E4303 型焊条，规格：$\phi2.5mm$、$\phi3.2mm$，烘干，恒温 1~2h，随用随取。

（4）焊接设备　ZX7-500 焊机

（5）钝边　修磨钝边 0.5~1mm，去毛刺。

（6）焊前清理　清理坡口及两侧内外表面各 20mm 范围内的铁锈和油污，直至露出金属光泽。

（7）装配　上部（平焊位）装配间隙为 2~2.5mm，下部（仰焊位）装配间隙为 1.5mm，错边量 ≤0.5mm（注意：组对前应仔细检查错边量，确保在规定要求范围之内才能施焊）。

（8）定位焊　一般在时钟的 10 点和 2 点位置进行定位焊，焊接电流稍大于施焊电流。定位焊缝长度为 5~10mm，要求焊透，定位焊后应尽量将焊缝两端修成斜坡形，以便正式焊接时保证焊缝接头质量。

3. 焊接参数

焊条电弧焊管对接水平固定焊焊接参数见表3-9。

表 3-9　焊条电弧焊管对接水平固定焊焊接参数

焊接层次	焊条直径/mm	焊接电流/A	运条方法
打底层（1）	2.5	75~85	单点击穿灭弧法
填充层（2）	3.2	85~100	锯齿形或月牙形运条法
盖面层（3）		80~95	

4. 操作要领

（1）打底焊　打底焊采用灭弧法焊接，在越过仰焊部位中心线 5~10mm 处的坡口一侧引弧，然后拉长电弧预热 1~2s 后迅速压低电弧，使其在坡口内壁燃烧（预热坡口），待坡口钝边熔化形成熔池时，焊条再往坡口中心向上顶压一下，击穿坡口根部，当在熔池前方出现熔孔时，应立即灭弧，当熔池颜色变为暗红色时，应立即引弧，再次向坡口根部顶压焊条，待两侧坡口钝边完全熔化并形成新的熔孔后，再次快速灭弧。如此不断重复，按仰焊、仰爬坡、立焊、上爬坡、平焊顺序完成前半圈焊接。灭弧频率以 40~45 次/min 为宜，始焊处的焊肉要平而薄，形成一个缓坡，然后方可继续向前施焊。熔孔示意图如图 3-49 所示。

为了保证平焊接头质量，在焊接前半圈时，应在水平最高点越过中心线 5~10mm 处灭弧，起弧和收弧位置示意图如图 3-50 所示。

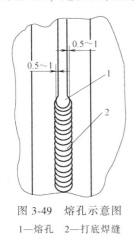

图 3-49　熔孔示意图

1—熔孔　2—打底焊缝

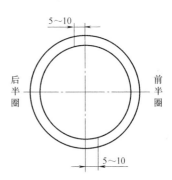

图 3-50　起弧和收弧位置示意图

后半圈的焊接方法与前半圈相似，焊接时要注意仰焊位和平焊位接头。

在焊接仰焊处的接头时，应把先焊的焊缝端头用角向砂轮或錾子去掉 5~10mm 并形成斜坡，以保证接头处的焊接质量。在坡口内引弧，起弧后长弧预热先焊的焊缝接头，待其熔化后，迅速将焊条转成水平方向，用焊条端头将熔融金属推掉，形成缓坡形割槽，随后将焊条转成与垂直中心线约成30°角，从割槽后端开始正常焊接。仰焊位接头操作示意图如图3-51所示。

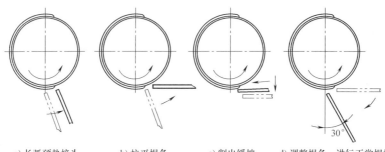

a) 长弧预热接头   b) 拉平焊条   c) 割出缓坡   d) 调整焊条，进行正常焊接

图3-51 仰焊位接头操作示意图

当运条到距12点位置5~10mm处时，应压低电弧，将焊条向坡口内压一下，听到电弧击穿根部声后，在接头处来回摆动，以延长停留时间，保证其充分熔合，填满弧坑后熄弧。

（2）填充焊 清理和修整打底层焊渣和局部凸起部分后，采用锯齿形或月牙形运条法，焊条角度与打底焊相同。焊条摆动到坡口两侧时，稍做停顿，中间速度稍快。焊缝与母材交界处不要产生夹角，焊接速度应均匀一致，以保持填充层平整。填充层表面距母材表面1~1.5mm为宜，不得熔化坡口棱边。

中间接头更换焊条要迅速，应在弧坑上方10mm处引弧，然后将电弧拉至弧坑处，填满弧坑，再按正常方法施焊。不能直接在弧坑处引弧焊接，以免产生气孔等缺陷。

填充焊在前半圈平焊收弧时要填满弧坑，应使弧坑呈斜坡状。

（3）盖面焊 盖面层焊接的运条方法、焊条角度与填充层焊接相同，但焊条的摆动幅度应适当加大。在坡口两侧应稍做停顿，并使两侧坡口边缘线各熔化1~2mm，要防止咬边的产生。盖面焊的焊缝接头方法和填充焊相同。

注意：进行盖面焊仰焊位置焊接时，建议采用断弧法焊接，这样可使盖面仰焊位置外观成形平滑、宽窄一致，同时可避免咬边等缺陷的产生。具体做法是：起弧形成熔池后，迅速横向摆动，使金属与两侧坡口母材达到良好熔合，然后断弧、起弧、断弧……不断重复，直至完成仰焊位置的盖面焊。

5. 注意事项

1）打底焊是双面成形的关键，操作时应特别注意。始焊点应选择在仰焊部位，在越过仰焊部位中心线5~10mm处的坡口一侧引弧。

2）打底焊可采用直线往复运条法，也可采用月牙形运条法，但一般情况下，均采用灭弧法焊接。焊接过程中，焊条角度应随焊接位置的变化而变化。

3）焊完每一层，应认真检查并进行清渣，清渣时要待焊渣冷却后仔细清理，不得在高温时用尖锤敲击焊缝。

练习九　焊条电弧焊管对接斜 45°固定焊

1. 工艺分析

斜 45°固定管对接焊是介于垂直固定管和水平固定管焊接之间的一种单面焊双面成形焊接操作方法。焊条电弧焊管对接斜 45°固定焊接过程中，如果焊接电流过大，易产生焊瘤、气孔和咬边等缺陷，焊接电流过小时，又容易产生夹渣、未焊透及未熔合等缺陷，操作难度较大。在焊接技术考核、等级考试与技能竞赛中，此项目一直作为重要的考核项目，是衡量焊工走向成熟、深层次发展的一个硬件标准。焊件焊接位置如图 3-52 所示。

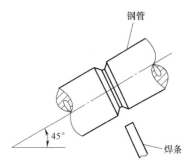

图 3-52　焊件焊接位置

管对接斜 45°固定焊焊接位置为管子轴线与水平面成 45°倾斜角，和管对接水平固定焊一样，分为两个半圈进行焊接，每半圈都包括斜仰焊、斜立焊和斜平焊三种。一般在偏离 6 点钟位置 8～10mm 处起焊，超过 12 点钟位置 5～10mm 处收弧。所不同的是，在仰焊位焊接时，焊条应做斜拉摆动，在坡口上侧多停顿；在平焊位焊接时，焊条斜拉方向与仰焊位正好相反，无论管子怎样倾斜，熔池始终保持为水平状态。

2. 焊前准备

（1）焊件材料　20 钢管。

（2）焊件规格　$\phi 114mm \times 8mm \times 100mm$ 组对，单边坡口角度为 30°±2°，坡口钝边为 1～1.5mm。

（3）焊接材料　E4303 型焊条，规格：$\phi 2.5mm$、$\phi 3.2mm$，烘干，恒温 1～2h，随用随取。

（4）焊接设备　ZX7-500 焊机。

（5）焊前清理　清理坡口及两侧内外表面各 20mm 范围内的铁锈和油污，直至露出金属光泽。

（6）装配　装配时，必须将管子轴线对正，上部（平焊位）装配间隙约为 3.0mm，下部（仰焊位）装配间隙约为 2.0mm，错边量≤0.5mm（注意：组对前应仔细检查错边量，确保在规定要求范围之内才能施焊）。

（7）定位焊　一般在时钟的 10 点和 2 点位置进行定位焊，焊接电流稍大于施焊电流。定位焊焊缝长度为 10mm，要求焊透，定位焊后应尽量将焊缝两端修成斜坡形，以便正式焊接时保证焊缝接头质量。

3. 焊接参数

焊条电弧焊管对接斜 45°固定焊焊接参数见表 3-10。

表 3-10　焊条电弧焊管对接斜 45°固定焊焊接参数

焊接层次	焊条直径/mm	焊接电流/A
打底层(1)	2.5	80~90
填充层(2)	3.2	85~100
盖面层(3)		85~95

4. 操作要领

（1）打底焊　采用直流正接、灭弧法操作，选用直径为 3.2mm 的焊条，由于始焊时工件温度较低，正下方焊接成形困难，最容易出现焊接缺陷，先焊接的一侧前半部分必须跨过 6 点位置，在仰焊位置的 5~6 点中间位置起弧。起弧后，稍做停顿，在坡口面上引弧至间隙内，对准坡口两侧进行预热，并使焊条在两钝边做微小横向摆动，当钝边熔化铁液与焊条熔滴连在一起时，焊条上送，此时焊条端部到达坡口底边，整个电弧的 2/3 将在管内燃烧，并形成第一个熔孔后灭弧（熔孔大小约为焊条直径的 1.5 倍）。当熔池颜色变为暗红色时，在熔池的 1/2 部位再次起弧，并稍做斜锯齿形运条动作，向前灭弧焊接。

前半圈焊接过程中，应压住电弧做横向摆动运条，运条幅度要小，速度要快，下爬坡的焊条与管子切线的夹角在 70°~90°范围内随着焊接位置的变化而变化。随着焊接向上进行，焊条角度变大，焊条深入坡口的深度慢慢变浅，3 点位置时焊条与管子切线的夹角为 90°，上爬坡和斜平焊位置焊条与管子切线的夹角为 70°~80°，焊接到 12 点钟位置开始收弧，后半圈焊条角度与前半圈相同。焊条倾角如图 3-53 所示，焊条角度变化如图 3-54 所示。

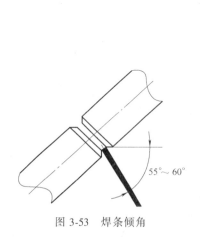

图 3-53　焊条倾角

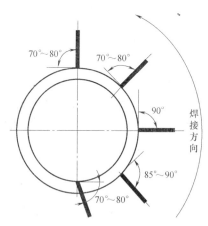

图 3-54　焊条角度变化

焊接过程中，应控制好熔池温度和焊条角度，要使熔池的形状和大小基本保持一致，熔池铁液清晰明亮，熔孔始终深入每侧母材 0.5~1mm。在前半圈起焊区 8~10mm 范围内，焊缝应由薄变厚，形成一斜坡；而在收弧区 5~10mm 范围内，焊缝应由厚变薄，再形成一斜坡，以利于与后半圈接头。

收弧操作时，将焊条逐渐引向坡口斜前方，或将电弧往回拉一小段，再慢慢提高电弧，使熔池逐渐变小，填满弧坑后熄弧。

当运条至定位焊点时，将焊条向下压一下，在听到"噗噗"声后，快速向前施焊，到定位焊缝另一端时，焊条在接头处稍做停顿，将焊条向下压一下，在听到"噗噗"声后，表明根部已熔透，恢复原来的操作手法。

打底焊操作的关键在于控制好熔池温度和熔孔的大小，熔池一般保持椭圆形为宜，熔池为圆形时表明温度过高。熔孔大小以两侧母材钝边完全熔化并咬入 0.5～1mm 为宜，熔孔过小，容易造成未焊透，应在压低电弧的同时增大焊条角度，适当延长电弧燃烧时间；熔孔过大，会出现背面焊缝超高及焊瘤缺陷，应减小焊条角度，加快灭弧频率。在运条时，控制好铁液的流动方向，只有控制好熔孔大小和熔池温度，才能焊出成形美观的根部焊缝。

（2）填充焊 填充层焊接，选用直径为 3.2mm 的焊条，起弧点和打底层焊接的起弧点要错开 10mm 以上。由于焊件的温度整体已经较高，焊接热输入比打底焊要小一些，一般是将焊接速度略微提高。考虑在仰焊位置铁液的流动性、受力情况，焊层要薄，厚度一般控制在 2mm 左右，并且控制焊波呈水平或接近水平方向，有利于熔渣的浮出，防止内部焊接缺陷的产生。填充焊后，坡口边缘应清晰可见，一般焊缝应低于母材外表面 0.5～1mm。

填充过程中，要始终控制好熔池的形状和温度，保持熔池处于近似水平状态，防止出现根部焊缝烧穿和铁液下坠。

（3）盖面焊 管对接斜 45°固定盖面焊接，与水平固定、垂直固定等有不同之处，主要表现在起头、运条、收弧三个方面。盖面焊建议采用直流反接，斜锯齿形或斜圆圈形运条。操作时，掌握好焊条角度，尽量压低电弧，控制好熔池温度和形状。操作过程中，电弧在坡口上侧稍做停留，防止产生咬边、超高和焊瘤等缺陷。接头操作时，要确保准确、到位，避免出现脱节和超高现象。焊缝宽度以坡口两边各熔化 1mm 左右为宜，余高控制在 0～3mm 之间。

1）直拉法盖面焊及接头。所谓直拉法盖面焊就是在盖面焊的过程中，以月牙形运条法沿管子轴线方向施焊的一种焊接方法。施焊时，从坡口上部边沿起弧并稍做停留，然后沿管子轴线方向做月牙形运条，把熔化金属带至下部边沿灭弧。每个新熔池覆盖前熔池 2/3 左右，依次循环。

斜仰焊部位的起头动作是在起弧后，先在斜仰焊部位坡口下部依次建立三个熔池，并使其一个比一个大，最后达到焊缝宽度，如图 3-55 所示，然后进入正常焊接。施焊时，用直拉法运条。

前半圈的收尾方法是在熄弧前，先将几滴熔化金属逐渐斜拉，以使尾部焊缝呈三角形。焊后半圈时，在管子斜仰焊部位的接头方法是，在引弧后，先把电弧拉至接头待焊的三角形尖端建立第一个熔池，此后的几个熔池也随着三角形宽度的增加而逐个增大，直至将三角形区域填满后用直拉法运条，如图 3-56 所示。

图 3-55　直拉法盖面斜
仰焊位起头方法示意图

图 3-56　直拉法盖面斜
仰焊位接头方法示意图

后半圈焊缝的收弧方法是：在运条到管子上部斜平焊位收弧部位的待焊三角形区域尖端时，使熔池逐个缩小，直至填满三角形区域后再收弧，如图 3-57 所示。采用直拉法盖面时的运条位置，即接弧与灭弧位置必须准确，否则无法保证焊缝边缘平直。

2）横拉法盖面及接头。所谓横拉法盖面焊就是在盖面焊的过程中，以月牙形或锯齿形运条法沿水平方向施焊的一种焊接方法。施焊时，当焊条摆动到坡口边缘时，稍做停顿，使熔池的上下轮廓线基本处于水平位置。斜仰焊部位的起头动作是在起弧后，相继建立三个熔池，然后从第四个熔池开始横拉运条，它的起头部位也留出一个待焊的三角形区域，如图 3-58 所示。

图 3-57　直拉法盖面斜
平焊位收弧方法示意图

图 3-58　横拉法盖面斜
平焊位起头方法示意图

前半圈上部斜平焊位焊缝收尾时也要留出一个待焊的三角形区域。

后半圈在斜平焊部位的接头方法是：在引弧后，先从前半圈留下的待焊三角形区域尖端向左横拉至坡口下部边缘，使这个熔池与前半圈起头部位的焊缝搭接上，保证熔合良好，然后用横拉法运条，如图 3-59 所示，至后半圈盖面焊缝收弧。后半圈斜平焊位收弧方法是：在运条到收弧部位的待焊三角形区域尖端时，使熔池逐个缩小，直至填满三角形区域后再收弧。

图 3-59　横拉法盖面
斜平焊位接头
方法示意图

管对接斜 45°固定焊要求焊波呈水平或接近水平方向，否则成形不好，因此焊条应总是保持在水平线上左右摆动，以获得较为平整的盖面层焊缝。焊条端部摆动到两侧时，要有足够的停留时间，使熔化金属覆盖量增加，以防止出现咬边。

5. **注意事项**

1）焊件坡口内外表面应清理干净，焊条按规定时间和温度烘干。

2）焊接过程中遇到粘条比较严重的情况，应清理干净后再进行操作。

3）打底焊操作注意控制熔孔大小，避免根部焊缝产生焊接缺陷。

4）焊完每一层，应认真检查并进行清渣，清渣时要待焊渣冷却后仔细清理，不得在高温时用尖锤敲击焊缝。

5）盖面层焊接，一定要使焊波呈水平或接近水平方向，否则成形不好。

练习十　焊条电弧焊管对接垂直固定焊

1. 工艺分析

管对接垂直固定焊是组对的焊管中心线垂直于水平面，环形焊缝平行于水平面的一种焊接操作方法。焊接特点是装配好的管子固定，人动管子不动。焊条电弧焊管对接垂直固定焊接操作技术基本和板对接横焊相同，不同之处是管子有弧度，焊条角度要随着焊接位置的变化而变化。打底焊时熔孔大小和熔池温度控制难度较大，盖面焊时坡口上部易出现咬边，下部易出现成形不良，甚至焊瘤等缺陷。

（1）起弧　调好焊接电流后，在定位焊前的坡口下侧划擦引弧，待电弧稳定燃烧后，焊至坡口中心，尽量压低电弧，并稳弧 1~2s，当管口发出电弧击穿声后，立即进入正常运条。

（2）运条　可采用直线往复运条法或斜圆圈形运条法焊接。短弧操作，焊接速度稍快，但要均匀。第一层焊接过程中，熔池形状始终保持为椭圆形，熔池的前端熔孔直径约为焊条直径的 1.5 倍，焊条与管壁的夹角为 70°~80°。

（3）接头　尽量采取热接法，即当弧坑尚处于红热状态时，在离弧坑后 10~15mm 处引弧，焊到收弧处电弧往熔孔里顶压并稍做停留后，恢复原运条角度，转入正常焊接。

（4）收弧方法　当焊条移到焊缝终点时，一般采取回焊收尾法。

2. 焊前准备

（1）焊件材料　20 钢管。

（2）焊件规格　ϕ108mm×8mm×100mm 组对，单边坡口角度为 30°±2°。

（3）焊接材料　E4303 型焊条，规格：ϕ2.5mm、ϕ3.2mm，烘干，保温 1~2h，然后贮存在保温筒内，随用随取。

（4）焊接设备　ZX7-500 焊机，直流反接法。

（5）焊前清理　清理坡口及两侧内外表面各 20mm 范围内的铁锈和油污，直至露出金属光泽。

（6）装配　装配时，必须将管子轴线对正，装配间隙始端为 2mm，终端为

3mm，坡口钝边为 1~1.5mm。两端定位焊，错边量≤0.5mm。接头形式及装配尺寸如图 3-60 所示。

（7）定位焊　一般在时钟的 10 点和 2 点位置进行定位焊，焊接电流稍大于施焊电流。定位焊缝长度约为 10mm，要求焊透，以便正式焊接时保证焊缝接头质量。定位焊位置如图 3-61 所示。

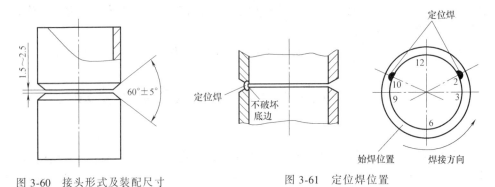

图 3-60　接头形式及装配尺寸

图 3-61　定位焊位置

3. 焊接参数

焊条电弧焊管对接垂直固定焊焊接参数见表 3-11。

表 3-11　焊条电弧焊管对接垂直固定焊焊接参数

焊接层次	焊条直径/mm	焊接电流/A
打底层（1）	2.5	80~90
填充层（2）	3.2	90~110
盖面层（3）		90~100

4. 操作要领

（1）打底焊　打底焊焊接方向一般为逆时针方向，焊条与焊件下侧管壁夹角为 70°~80°，与管子切线的焊接方向夹角为 60°~75°，焊接方法采用连弧或灭弧均可。打底焊焊条角度如图 3-62 所示。

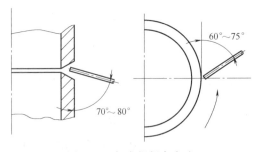

图 3-62　打底焊焊条角度

1）连弧法。连弧焊引弧的位置应在坡口上侧，当上侧钝边熔化后，再把电弧引至钝边的间隙处，并向根部压送焊条，同时焊条与下管壁夹角可以适当加大，电弧击穿坡口根部，并且两侧钝边熔化形成第一个熔孔时，引弧完成，转入正常运条施焊。运条方法采用斜椭圆形运条，始终保持短弧施焊。在焊接过程中，为防止熔池金属产生熔滴下坠，电弧在坡口上侧停留的时间应略长些，同时应有 1/3 的电弧通过坡口间隙在管内燃烧。电弧在坡口下侧只是稍加停留，约有 2/3 的电弧通过坡口间隙在管内燃烧。

当焊到定位焊缝根部时，焊条要向根部间隙位置顶一下，听到"噗噗"声后，将焊条快速运条到定位焊缝的另一端压低电弧进行根部预热，用斜椭圆形运条法继续焊接。沿环缝焊接到焊条接近焊起弧点时，可按上述与定位焊缝接头的方法与始焊端接头，并继续向前施焊 10~15mm 填满弧坑后收弧。也可采用焊条转向反角度对准始焊处引弧，听到击穿声后，焊条略加摆动，填满弧坑后收弧。

2）灭弧法。打底焊时，要保持熔池的形状和大小一致，熔池铁液清晰明亮，保证根部焊透，背面成形良好。起焊时在坡口内侧引弧，然后将电弧引送到始焊处，采用两点击穿法进行焊接，待坡口两侧面接近熔化温度时，压低电弧，形成熔池后立即灭弧，稍作停顿后，重新引弧进行焊接。

灭弧法焊接过程中，电弧始终从坡口上侧引燃，向下侧运条，在坡口上、下侧根部要稍作停留，移动焊条要迅速，沿坡口下侧稍向后位置灭弧。灭弧与接弧时间间隔要短，灭弧动作要果断，接弧位置要准确。不得拉长电弧，灭弧频率为 50~60次/min。

连弧法、灭弧法更换焊条方法有热接法和冷接法两种。打底层焊缝更换焊条时多采用热接法，由于采用灭弧法焊接，熔池温度相对较低，因此接头时要求更换焊条的速度比连弧焊时快。这样可以避免背面焊缝出现冷缩孔或未焊透、未熔合等缺陷。

焊到定位焊缝接头处，应压低电弧稍停片刻后，快速移动电弧至定位焊缝的另一端，稍停片刻，待坡口根部熔透，再转入正常焊接。

（2）填充焊　填充焊焊条与管子切线的焊接方向夹角为 75°~85°，一般采用连弧法进行一层两道焊接操作。焊道从下侧坡口开始排列，第二道覆盖第一道焊道 1/3~1/2。填充层高度距离焊件表面坡口边缘线 1~1.5mm，应保持坡口边缘线完整。这是盖面焊时的基准线，更换焊条接头时，从收弧处前方约 10mm 处引弧，将电弧拉回弧坑并填满，然后正常运条施焊。填充焊焊条角度如图 3-63 所示。

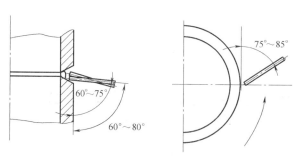

图 3-63　填充焊焊条角度

（3）盖面焊　盖面层分三道焊接，采用直线形运条法，不做横向摆动，自左向右，从下侧坡口开始向上排列。盖面焊焊条与管子切线的焊接方向夹角同填充焊。焊前应将填充层的焊渣和飞溅物等清理干净，并修平局部上凸的部分。第一道焊道焊条与焊件下侧管壁夹角为 75°~80°，使下坡口边缘熔化 1~2mm。第二道焊道焊条与焊件下侧管壁夹角为 90°~100°，并有 1/2 覆盖在第一道焊道上。最后一道焊道焊条与焊件下侧管壁夹角为 80°~90°，并使上坡口边缘熔化 1~2mm，覆盖前一道焊道 1/3 左右。

盖面焊的接头方法多采用热接法，即在熔池前 10mm 处引弧后，将电弧引至收弧处预热，再压低电弧按原来的操作方法焊接。盖面焊焊条角度如图 3-64 所示。

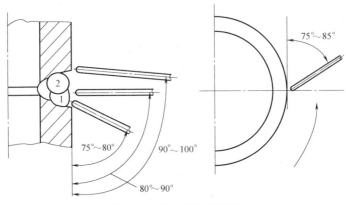

图 3-64　盖面焊焊条角度

5. 注意事项

1）每层焊缝完成后，将焊渣和凸出的部分清除。

2）坡口上侧、下侧和熔敷金属之间不能形成死角，以免产生夹渣及未熔合等缺陷。

3）运条过程中，必须根据管道圆弧的变化而不断变换焊条角度。

4）盖面层要求高低、宽窄一致，避免上侧咬边。盖面焊时，上、下焊道速度要快，中间焊道要慢，以使加强面成为凸型。

5）施焊时，管子固定不得转动角度，以人动管子不动为准则。

6）由于熔化金属受重力的作用，容易下淌，而产生坡口上侧咬边，应严格用短弧、直径较小的焊条，并采用合理的运条方法进行焊接。

练习十一　焊条电弧焊骑座式管板水平固定焊

1. 工艺分析

焊条电弧焊骑座式管板水平固定焊接时，熔池应尽量趋于水平状，电弧偏于孔板，且孔板侧电弧停留时间相对于管壁侧要长一些，以免在管壁侧出现堆积，孔板侧产生咬边等缺陷。

骑座式管板水平固定焊焊接方法基本与管对接水平固定焊相同。但需要注意的是，焊接操作过程中，若焊接电流偏小，熔池与熔渣在管子与板材接头的夹角处会混淆不清，熔渣不易浮出，很容易产生夹渣和未熔合等缺陷；若焊接电流过大，运条速度过慢，则易产生焊瘤。因此，焊接过程中焊接电流的调节是关键。

焊条电弧焊骑座式管板水平固定焊接分前半圈和后半圈焊接，每个半圈都有仰、立、平三个位置的焊接。焊接过程中，焊条角度应随焊接位置的变化而变化，如图 3-65 所示。

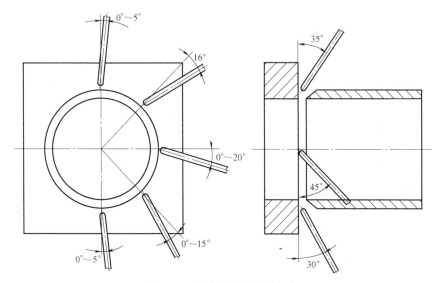

图 3-65　焊接位置及焊条角度

2. 焊前准备

（1）焊件材料　20 钢管和 Q235 钢板。

（2）焊件规格　管子的尺寸为 $\phi57mm\times4mm\times100mm$，管子端部开单边 $50°\pm2°$ V 形坡口；板材的尺寸为 $100mm\times100mm\times12mm$，板材中心按管子内径加工通孔。

（3）焊接材料　E4303 型焊条，规格：$\phi2.5mm$、$\phi3.2mm$，烘干温度为 100～150℃，恒温 1～2h。

（4）焊接设备　ZX7-500 直流焊机。

（5）钝边　修磨钝边 0.5～1mm，去毛刺。

（6）焊前清理　清理管子及板件坡口两侧 20mm 范围内的油、锈、水等污垢，直至露出金属光泽。

（7）装配　装配后，要求管子中心线与板件内孔同心，管子与板件相垂直，错边量≤0.5mm。建议组件的上部间隙留 2.5～3.2mm，下部仰焊位间隙留 2.0mm，上部放大间隙主要是考虑焊接时的收缩量。骑座式管板水平固定焊装配示意图如图 3-66 所示。

（8）定位焊　一般在时钟的 10 点和 2 点位置进行定位焊，定位焊缝长度为 5～10mm。

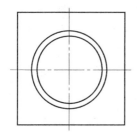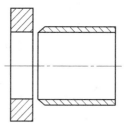

图 3-66　骑座式管板水平固定焊装配示意图

3. 焊接参数

焊条电弧焊骑座式管板水平固定焊焊接参数见表 3-12。

表 3-12　焊条电弧焊骑座式管板水平固定焊焊接参数

焊接层次	焊条直径/mm	焊接电流/A	运条方法
打底层(1)	2.5	70~85	单点击穿灭弧法或锯齿形连弧法
填充层(2)	3.2	110~120	锯齿形或月牙形运条法
盖面层(3)		100~110	

4. 操作要领

（1）打底焊　焊接时分左右两半焊接，打底层的焊接可以采用连弧法，也可以采用灭弧法，一般推荐用灭弧法焊接。打底焊焊条角度如图 3-67 所示。

1）前半圈采用连弧法焊接时，引弧从时钟的 6 点半处开始，长弧预热（熔滴下落 1~2 滴）后，在过管板垂直中心 5~10mm 位置上顶送焊条，待坡口根部熔化形成熔孔后，稍拉出焊条，用短弧做小幅度锯齿形横向运条，并沿逆时针方向施焊，直至焊到超过 12 点 5~10mm 处熄弧。

2）采用灭弧法焊接时，与管对接水平固定焊相似，焊接时灭弧动作要快，短弧焊接，灭弧与接弧时间间隔要短，灭弧频率为 50~60 次/min，每次重新引燃弧时，焊条中心要对准熔池前沿方向的 2/3 处，每接触一次，焊缝增长 2mm 左右。

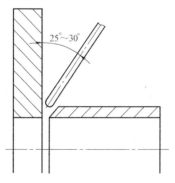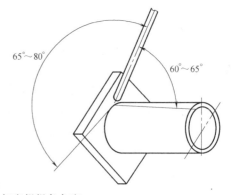

图 3-67　打底焊焊条角度

3）由于管子与孔板的厚度不同，所需热量也不一样，所以运条时，焊条在孔板一侧应多停留一会，以控制熔池温度并调整熔池形状，一般焊条与孔板一侧的夹角为25°～30°。另外，在管板的6~4点和2~12点处，要保持熔池液面趋于水平，以控制熔融金属下淌，其运条轨迹如图3-68所示。

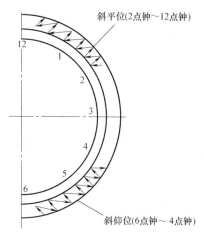

图3-68 斜仰位及斜平位区域运条轨迹

4）焊接过程中，熔池的形状及大小要基本保持一致，使熔池中的熔融金属清晰明亮，熔孔始终深入母材$0.5～1mm$。同时应始终伴有有节奏的电弧击穿根部所发出的"噗噗"声，以保证根部焊透。

5）焊接过程中经过定位焊缝时，要把电弧稍向坡口根部压送，以较快的焊接速度通过定位焊缝，然后进行正常焊接。

仰焊位置焊接时焊条要向上顶送，横向摆动幅度要小一些，向前运条的间距要均匀，不宜过大，以减小背面焊缝内凹。立焊位比仰焊位焊条向坡口根部下送要浅，而平焊位比立焊位还要浅，这样可以使背面焊缝成形凸起均匀，以防局部过高及焊瘤出现。

6）收弧时，将焊条逐步引向坡口斜前方，或将电弧往回拉一小段距离，再慢慢提高电弧，使熔池逐渐变小，填满弧坑后熄弧。

7）更换焊条时的接头方法。

① 热接法。当弧坑尚保持红热状态时，迅速更换焊条，在熔孔下部10mm处引弧，然后将电弧拉至熔孔处，将焊条向内推送一下，听到"噗噗"声后，稍做停留，恢复正常焊接。

② 冷接法。当熔池冷却后，必须将收弧处打磨成斜坡状，以便接头。更换焊条后，在打磨处附近引弧，运条到打磨斜坡的根部时，将焊条向内推送一下，听到"噗噗"声后，稍做停留，恢复正常焊接。

8）后半圈焊接方法与前半圈基本相同，但需在仰焊位接头和平焊位接头处多加注意。其接头方法与前面介绍的水平固定管打底层焊接仰、平位接头操作方法相似。一般在上下接头处，均要打磨出斜坡，引弧后在斜坡后端起焊，运条到斜坡根部时，焊条要向管内压一下，听到"噗噗"声后，再进入正常焊接。当焊缝即将进行接头时，焊条要向管内顶压一下，听到"噗噗"声后，稍做停留，并继续向前焊接10mm左右，填满弧坑后收弧。

（2）填充焊 填充焊前要清除打底焊的焊渣，特别是死角处的焊渣。填充焊可采用连弧法或灭弧法施焊，填充焊焊条角度如图3-69所示。其焊接顺序、焊条角度、运条方法与打底焊相似，但运条摆动幅度比打底焊要大一些。由于焊缝两侧是不同直径的同心圆，孔板侧的圆弧周长要长一些，所以运条时，在保持熔池液面趋于水平的同时，应加大焊条在孔板侧的向前移动间距，并相应增加焊接停留时间。填充层的焊道要相对薄一些，管子一侧的坡口要填满，孔板一侧要超出管壁约2mm，使焊道形成一个斜面，以保证盖面层焊缝焊后焊脚对称。

（3）盖面焊 盖面焊前应清除填充焊的焊渣，特别是死角处的焊渣。盖面焊可采用连弧法或灭弧法施焊。盖面层的焊接与填充层的焊接方法相似，运条过程中既要考虑焊脚尺寸的对称性，又要使焊缝波纹均匀，防止出现盖面焊缝的仰焊位超高、平焊位偏低以及在孔板侧产生咬边等缺陷。盖面焊焊条角度如图3-70所示。

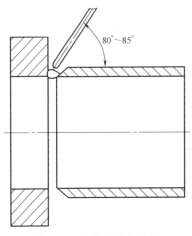

图3-69 填充焊焊条角度

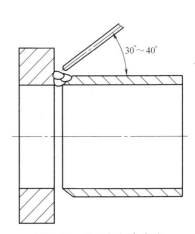

图3-70 盖面焊焊条角度

1）连弧法焊接时，前半圈起焊处（6~7点之间）的焊接，以直线形运条法施焊，焊道尽可能细且薄，为后半圈获得平整的接头做好准备。后半圈始端准备仰焊位接头，在7点处引弧，将电弧拉到接头处（6点附近），长弧预热，当接头部位出现熔化时，将焊条缓缓地送到焊道的接头位置，使电弧的喷射熔滴均匀地落在始焊端，然后采用直线形运条与前半圈留出的接头平整熔合，再转入斜锯齿形运条的正常盖面层焊接。

盖面层斜平位至平位处（2~12点位置）的焊接，类似船形焊，熔敷金属易于向管壁侧堆积而使孔板侧形成咬边。在焊接过程中，由立位采用锯齿形运条过渡到斜立位，2点处采用斜锯齿形运条，要保持熔池呈水平状，并在孔板侧停留时间稍长一些，保持短弧焊接。必要时可以间歇断弧，以控制熔池形状及焊缝温度。

当焊到12点处时，将焊条端部靠在填充焊的管壁夹角处，以直线形运条至12~11点之间（超过12点5~10mm位置）收弧，尽量留出斜坡，为后半圈末端接头打好基础。

后半圈末端与前半圈接头操作：盖面层焊接从10~12点采用斜锯齿形运条法，施焊到接近12点位置时，采用小锯齿形运条法，与前半圈留出的斜坡接头熔合，做几次挑弧动作将熔池填满即可收弧。

2）灭弧法焊接时，前半圈起焊处在仰焊位6~7点之间（超过6点5~10mm位置）焊趾处引弧，将熔化金属从管侧带到板侧，并推送熔化金属，形成第一个熔池，以后的焊接都是从管侧向板侧做斜圆圈形运条。焊缝收口时，要和前半圈收尾焊道吻合良好，填满弧坑后收弧。

5. 注意事项

1）焊条电弧焊骑座式管板水平固定焊接时，分两个半圈进行焊接，每半圈都存在仰、立、平三种不同的焊接位置。

2）焊接过程中，要注意控制焊条角度，熔池应尽可能趋于水平，电弧偏于孔板侧，并在孔板侧停留时间稍长一些。

3）打底焊采用灭弧法焊接时，灭弧动作要快。

4）要加强手臂和手腕灵活性的训练，调整相应的焊条角度，以适应管板焊接时焊接位置的变化。

5）焊完每一层，应认真检查并进行清渣，清渣时要待焊渣冷却后仔细清理，不得在高温时用尖锤敲击焊缝。

练习十二　焊条电弧焊插入式管板垂直固定焊

1. 工艺分析

插入式管板垂直固定焊时，管子处于垂直位置，板件为水平位置，环形焊缝平行于水平面。焊接时，要随着焊接位置的变化，不断调整焊条的相应角度，并控制好熔池熔化状态。

焊条电弧焊插入式管板垂直固定焊一般为多层多道焊，打底层焊接多采用直线形运条法，填充层焊接采用锯齿形运条法，盖面层焊接采用直线形或小斜圆圈形运条法。焊接时要控制好焊条角度和焊接速度，防止产生焊道间沟槽或凸起、管壁咬边等缺陷。焊接过程中，应控制好熔池的熔化状态，时刻注意熔渣不要超前，避免产生夹渣和未熔合等缺陷。

2. 焊前准备

（1）焊件材料　20钢管和Q235钢板。

（2）焊件规格　管子的尺寸为$\phi57mm×4mm×100mm$，板材的尺寸为$100mm×100mm×12mm$，板材中心按管子内径加工通孔$\phi60mm$，开单边35°~45°V形坡口。焊件装配示意图如图3-71所示。

（3）焊接材料　E4303型焊条，规格：$\phi2.5mm$、$\phi3.2mm$，烘干温度为100~150℃，

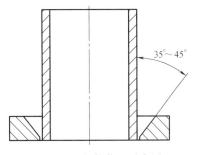

图3-71　焊件装配示意图

恒温 1~2h。

（4）焊接设备　ZX7-500 直流焊机。

（5）钝边　修磨钝边 0.5~1mm，去毛刺。

（6）焊前清理　清理管子及板件坡口正反两侧 20mm 范围内和管子端部 30mm 内的油、锈、水等污垢，直至露出金属光泽。

（7）装配　装配间隙单边为 1.5mm，管子垂直插入板孔内，装配时应保证管子内壁与板孔同心，周边间隙均匀，背面平齐，相差不超过 0.4mm。

（8）定位焊　在焊缝任意位置进行定位焊，焊缝长度为 10mm 左右，以薄透为宜。定位焊焊缝不宜太高，焊缝两端呈斜坡状，以利于接头。

3. 焊接参数

焊条电弧焊插入式管板垂直固定焊焊接参数见表 3-13。

表 3-13　焊条电弧焊插入式管板垂直固定焊焊接参数

焊接层次	焊条直径/mm	焊接电流/A	运条方法
打底层（1）	2.5	70~85	直线形运条法
填充层（2）	3.2	110~120	锯齿形运条法
盖面层（3）		105~115	直线形或小斜圆圈形运条法

4. 焊接操作

（1）打底焊

1）引弧。打底层焊道一般采用连弧法，选用酸性焊条，在孔板坡口内侧引弧，拉长电弧预热坡口，待其两侧接近熔化温度时，向孔板一侧移动，压低电弧使孔板坡口击穿形成熔孔，然后用直线形运条法进行正常焊接。焊条与管子外壁的夹角为 10°~15°，与管子的切线成 60°~70°夹角，如图 3-72 所示。

焊接过程中焊条角度要求不变，焊条沿管子周边圆弧移动，速度要均匀，电弧在坡口根部和管子边缘应有相应的停顿，保持短弧焊接，使电弧的 1/3 在熔池前面，用来击穿和熔化坡口根部，其余 2/3 覆盖在熔池上。焊接时，电弧稍偏向管子一侧，以保证两侧熔合良好，保持熔池大小和形状基本一致，避免产生未焊透和夹渣等缺陷。若发现熔池温度过高，则可采用跳弧法焊接，减少对熔池的热输入，防止焊穿及背部焊瘤产生。

2）更换焊条。一般采用热接法，熄弧前回焊 10mm，并逐渐拉长电弧直至熄灭，当弧坑尚保持红热状态时，迅速更换焊条，在熄弧处引弧，继续预热，逐步移至接头处，压低电弧击穿根部后形成新熔孔，稍停片刻，转入正常焊接。

3）定位焊缝接头。焊到定位焊缝接头处，应压低电弧稍停片刻，再快速移动电弧至定位焊缝的另一端，稍停片刻，然后转入正常焊接。当焊至封闭焊缝接头处时，也要做片刻停留，并与始焊部位重叠 5~10mm，待填满弧坑后熄弧。

（2）填充焊　填充层焊接采用锯齿形运条法，保证坡口两侧熔合良好，焊条与管壁夹角为 15°~20°，焊条与管子切线夹角为 80°~85°，如图 3-73 所示。焊速要保持均匀，保证熔渣对熔池的覆盖保护，不超前或拖后，基本填平坡口，但不能熔化坡口棱边，以免影响盖面层焊接。

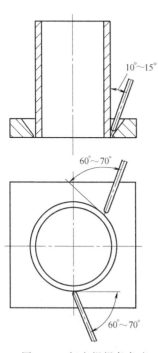

图 3-72　打底焊焊条角度

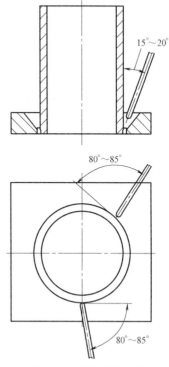

图 3-73　填充焊焊条角度

（3）盖面焊　盖面层焊接必须保证焊脚尺寸，盖面焊前应清除填充焊焊道夹渣，并将局部凸起磨平。盖面层焊缝一般采用两道焊，第一条焊道紧靠孔板表面，熔化孔板坡口边缘 1~2mm，保证焊道外边整齐。第二条焊道焊接过程中，要适时调整焊条与管壁的夹角，其夹角应控制在 45°~60°，与第一条焊道重叠 1/2~2/3，并根据焊道需要的宽度适当加大焊条摆动量和提高焊接速度，或采用小圆圈形运条法，避免焊道间形成沟槽或凸起，防止管壁咬边。盖面焊焊条角度如图 3-74 所示。

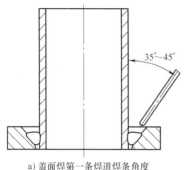

a) 盖面焊第一条焊道焊条角度

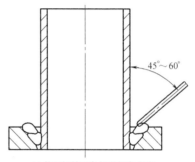

b) 盖面焊第二条焊道焊条角度

图 3-74　盖面焊焊条角度

5. 注意事项

1）施焊时以人动焊件不动为准则。

2）打底层焊接要通过合理的焊条角度、合适的焊接电流和适宜的焊接速度来控制熔池温度，防止因熔渣超前而出现夹渣和未熔合缺陷。

3）清渣时，要待焊渣冷却后再进行，不得在高温时用尖锤敲击，清渣后要用钢丝刷进一步对焊道进行清理。

模块四

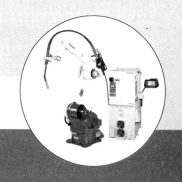

CO$_2$气体保护焊操作

练习一　CO$_2$气体保护焊平敷焊

1. 工艺分析

CO$_2$气体保护焊平敷焊是焊件处于水平位置时，在焊件上堆敷焊道的一种操作方法。初学者开始练习时，一般从引弧、直线焊接、摆动焊接等基本技能开始。在焊接操作过程中应注意以下几方面：

1）当导电嘴和母材间距离控制不当或弧长控制不稳时，易产生顶丝或喷嘴被飞溅物堵塞或看不清焊接线，焊缝容易出现气孔、熔池过浅或过深等缺陷。运丝速度不均匀，容易使焊缝宽窄不一致。

2）焊丝向熔池送进的过程中，会出现电弧过长或过短不当操作。电弧过长时，易产生气孔，电弧不稳定，使焊缝熔深变浅；电弧过短时，喷嘴容易被飞溅物堵塞，看不清焊接线，使熔深变深。

3）焊接操作过程中，易出现焊接电流和电弧电压的调整不匹配的问题，应掌握焊接电流、电压的匹配调节方法，以便形成焊波均匀的焊缝。

2. 焊前准备

（1）焊件材料　Q235钢板。

（2）焊件尺寸及数量　300mm×200mm×6mm，一块。

（3）焊接材料　焊丝ER49-1（H08Mn2SiA），焊丝直径为1.0mm。

（4）焊机　NBC1-300型半自动焊机及配套供气系统，直流反接。

（5）焊前清理　清理钢板上的铁锈、油污等，直至露出金属光泽。为了防止焊接时飞溅物堵塞焊枪喷嘴，每焊一段时间应在喷嘴上涂一层喷嘴防堵剂。

（6）画线　用钢直尺在钢板板宽方向每隔30mm用画线笔划出一条直线，作为练习焊接运丝轨迹的参考线。

3. 焊接参数

CO$_2$气体保护焊平敷焊焊接参数见表4-1。

表 4-1 CO_2气体保护焊平敷焊焊接参数

焊丝直径/mm	焊接电流/A	电弧电压/V	焊接速度/（mm/h）	气体流量/（L/mm）
1.0	130～150	21～23	20～30	10～15

4. 操作要领

（1）引弧   采用短路法引弧，引弧前为了防止焊接时产生飞溅，应检查焊丝端部情况，将焊丝端部的球头剪掉，保持焊丝端部距焊件 2～3mm，喷嘴端部距焊件 8～10mm。

引弧前，操作者上身向左倾斜，头向左侧偏转，持焊枪的右手肘部应高高抬起同时手腕下压，左手虎口轻托焊枪后部。预置好焊接电流和电弧电压后，按动焊枪开关，引燃电弧。电弧引燃后，控制焊枪，操作者的视线从焊接电弧一侧呈 45°～70°视角观察焊接电弧和焊接熔池，缓慢引向待焊部位，进入正常焊接练习。

在焊接过程中，应始终保持适当的焊丝伸出长度（一般 φ1.0mm 焊丝伸出长度为 6～10mm），焊接过程中根据产生飞溅的大小和电弧的爆破声，判断最初的预置焊接电流和电弧电压配比是否适当，并做出进一步的微调和匹配。

初学者在进行平敷焊练习时，往往还没有完成好身体的准备动作就急于进行焊接，操作过程中如果无法做到焊枪角度和焊丝伸出长度的正确控制，则在后续的操作中就很难清晰地判断焊丝熔化和电弧声音，更无法进行参数配比的判断和微调。

（2）直线焊接   预置好焊接电流和电弧电压后，即可在平板上进行直线堆敷焊接的试焊。进行直线焊接时，操作者引燃电弧后右手轻握焊枪枪柄不做横向摆动动作，仅通过左手动作引领焊枪向焊接方向进行直线焊接。直线无摆动焊接形成的焊缝较窄，焊缝偏高，往往在焊缝的起头、接头和收尾处易产生焊接缺陷。

焊接过程中，电弧电压配比过小会出现伸出的焊丝端部来不及熔化就扎向焊接熔池，导致不正常的焊接回路短路，较长的焊丝发热会出现快速烧损或炸飞的现象。电弧电压配比过大会出现焊丝端部还未向下送给到焊接熔池边缘就向上熔化回卷，形成大颗粒的熔滴滴落到熔池里。出现这种情况时，应立即停弧并迅速进行大幅度的参数调整，然后再重新进行试焊，直至焊接电弧基本能够较稳定地燃烧再进行正常焊接。

在随后的焊接过程中，可适当进行焊接参数的微调。微调时，操作者在保持好适当的焊枪角度和焊丝伸出长度的前提下，观察焊丝伸出端部的熔化情况，聆听电弧的声音。如果焊丝熔化的端部形状较尖锐，电弧的声音较脆较尖，则说明电弧电压配比略低；而如果焊丝熔化的端部形状较圆滑，电弧的声音发闷，则说明电弧电压配比略高。

1）始焊端。由于焊件始端处温度较低，引弧后先将电弧稍微拉长一些对起始端进行适当的预热，然后再压低电弧进行焊接。始焊端运丝方法对焊缝成形的影响如图 4-1 所示。

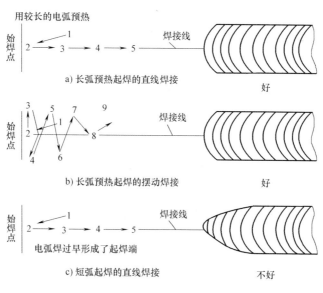

图 4-1　始焊端运丝方法对焊缝成形的影响

2）焊缝接头。焊缝接头方法一般分为两种：直线无摆动接头法和摆动接头法。

① 直线无摆动接头法。在原熔池前端 10~15mm 处引弧，然后快速将电弧引向原熔池中心，待熔化金属与原熔池边缘熔合填满弧坑后，再将电弧引向前方，使焊丝保持一定的伸出长度和角度，并以稳定的速度向前移动。

② 摆动接头法。在原熔池前端 10~15mm 处引弧，然后以直线的方式将电弧引向接头处，在接头中心做一定幅度的摆动，并在向前移动的同时逐渐加大摆幅（保持形成的焊缝与原焊缝等宽），最后转入正常焊接。两种焊接接头方法如图 4-2 所示。

3）收尾。收尾时，如果焊机没有焊接电流衰减装置，应采用多次断续引弧方式填满弧坑，直至将弧坑填平，并与母材圆滑过渡，如图 4-3 所示。

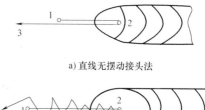

a) 直线无摆动接头法

b) 摆动接头法

图 4-2　焊接接头方法

4）焊枪运动方式。焊枪运动方式有左焊法和右焊法两种。焊接操作过程中，焊枪自右向左移动称为左焊法，焊枪自左向右移动称为右焊法，如图 4-4 所示。

① 左焊法操作时，电弧的吹力作

用在熔池及其前沿处，将熔池金属向前推延，由于电弧不直接作用在母材上，因此熔深较浅，焊道平而宽，气体保护效果较好，易于掌握焊接方向，但飞溅较大，观察比较困难。

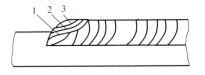

图 4-3　多次继续引弧方式填满弧坑示意图

② 右焊法操作时，电弧直接作用在母材上，熔深较大，焊道窄而高，飞溅较小，但不

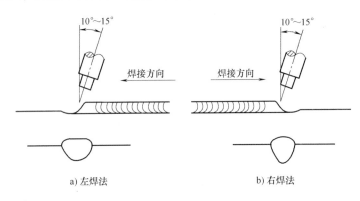

a) 左焊法　　　　　　　　b) 右焊法

图 4-4　焊枪运动方式

易掌握焊接方向，焊缝容易焊偏，尤其是对接焊时更为明显。

一般 CO_2 气体保护焊时均采用左焊法，其前倾角度为 $10° \sim 15°$。

（3）摆动焊接　CO_2 气体保护焊时，为了获得较宽的焊缝，往往采用横向摆动的运丝方式。常用的摆动方式有锯齿形、月牙形、正三角形和斜圆圈形等。

摆动焊接时，横向摆动运丝角度和起始端的运丝要领与直线无摆动焊接一样。

横向摆动焊接时，操作者引燃电弧后，轻握焊枪枪柄，利用手腕左右拧动焊枪，完成焊枪的横向摆动动作进行焊接。一般摆幅应限制在喷嘴内径的 1.5 倍范围内。左右摆动的幅度要一致，遵循中间快两边慢的原则，摆幅不宜过大，否则，部分熔池不能得到很好的保护。

焊枪横向摆动时，要保持焊丝伸出长度适当，焊接电流和电弧电压配比适宜。

5. 注意事项

1）焊接过程中，一定要注意保持焊枪的角度、持枪的稳定性以及焊枪摆动的均匀性。

2）保持适当的焊丝伸出长度。焊丝伸出长度过大，焊丝容易发生过热而熔断，使焊接过程不稳定，飞溅严重，气体对焊缝的保护能力减弱，不利于焊缝成形。焊丝伸出长度过短，焊缝熔池不易观察，无法保证焊接质量，而且会使导电嘴受热散热性变差，飞溅物也容易烧损导电嘴和喷嘴。

3）进行焊接参数的选择和配比调试时，一定要细心检查焊机的一、二次线连接是否牢固，否则会对焊接电弧的稳定产生非常大的影响，甚至会造成焊接参数的选配无法进行。

4）CO_2 气体保护焊时，若气体流量过大，则对焊缝熔池的吹力增大，冷却作用加强，会形成紊乱气流，破坏气体保护，焊缝易产生气孔；若气体流量过小，则对熔池保护能力减弱，也容易产生气孔。所以应严格按焊接规范选择气体流量。

练习二　CO_2 气体保护焊板对接平焊

1. 工艺分析

CO_2 气体保护焊 I 形坡口板对接平焊一般适用于薄板焊接，焊接过程中电弧比较稳定，焊枪一般以直线移动或做小幅度（与 I 形坡口相适应）的横向摆动，采用左焊法。施焊时一定要集中精力，以保持焊缝平直，避免焊缝弯曲。

CO_2 气体保护焊 I 形坡口板对接平焊的焊接技术相对较容易，在此不做过多介绍。

对于较厚板状焊件，一般开有 V 形坡口，采用单面焊双面成形的方法进行焊接。焊接过程中，必须根据装配间隙及熔池温度变化情况调整焊枪角度、摆动幅度和焊接速度，以控制熔孔尺寸，保证焊件背面成形均匀一致。

打底焊时，应注意焊枪摆动方法、焊枪角度、电弧在坡口内所处位置以及熔孔效应等。焊接过程中，应将焊枪角度控制在一定范围内。焊枪后倾角太小，会使保护气氛破坏，易使液态金属超前流动，阻碍熔孔的形成，使背面焊缝成形不良；焊枪后倾角太大，影响焊工操作视线，易使焊丝端部脱离熔池透过坡口间隙伸至焊件背面，致使焊接过程中断。焊接过程中，焊枪应采用小幅度横向摆动法，电弧在坡口两侧稍做停顿，以控制熔池温度的上升。要注意保持横向摆动速度和焊丝熔化速度的协调一致性，避免产生夹渣。

打底焊、填充焊、盖面焊时，焊枪均采用锯齿形或月牙形摆动。盖面焊时要注意保持喷嘴高度，焊接熔池边缘应覆盖坡口边缘 0.5~1mm，焊枪摆动幅度比填充焊稍大一些，收弧时要填满弧坑，收弧的弧长要短，待熔池凝固后方可移开焊枪，以免产生弧坑裂纹和气孔等缺陷。

气体流量过大会冲击金属熔池，使冷却作用加强，飞溅增加，焊缝易产生气孔，表面粗糙。气体流量过小则保护效果差，也易产生气孔。CO_2 气体保护焊气体流量一般选 10~15L/mm 为宜。

2. 焊前准备

（1）焊件材料　Q235 钢板。

（2）焊件尺寸、数量及几何要求　300mm×150mm×12mm，两块，V 形坡口，坡口加工角度为 30°±2°，不留钝边。

（3）焊接要求　单面焊双面成形。

（4）焊接材料　焊丝 ER49-1（H08Mn2SiA），焊丝直径为 1.2mm。

（5）焊机　NBC1-300型半自动焊机及配套供气系统，直流反接。

（6）焊前清理　对坡口周围20mm范围内的铁锈、油污进行清理，并用角磨机打磨出金属光泽。为了防止焊接时飞溅物堵塞焊枪喷嘴，每焊一段时间应在喷嘴上涂一层喷嘴防堵剂。

（7）装配　始焊端装配间隙为3.2mm，终焊端装配间隙为4.0mm，错边量≤0.5mm。

（8）定位焊　在试件两端坡口内定位焊，焊缝长度为10~15mm。定位焊时使用的焊丝及焊接参数与正式焊接时相同，定位焊后将定位焊缝两端用角磨机打磨成斜坡状，并将坡口内的飞溅物清理干净。

（9）反变形量　预置反变形量约为3°。

3. 焊接参数

调试焊接电流和电弧电压，在试板上进行试焊。试焊时应该观察焊机上的电流表和电压表是否符合焊接参数要求，并将焊接电流、电弧电压调整到手感很好的状态，焊接时电弧会很均匀地发出"沙沙"的响声。CO_2气体保护焊板对接平焊焊接参数见表4-2。

表4-2　CO_2气体保护焊板对接平焊焊接参数

焊接层次	焊丝直径/mm	焊接电流/A	电弧电压/V	运丝方式	气体流量/(L/mm)
打底层		110~130	18~20		
填充层	1.2	120~140	21~24	锯齿形或月牙形运丝法	15~20
盖面层		130~140			

4. 操作要领

（1）打底焊　打底焊以间隙较小的一端作为始焊端，采用左焊法进行施焊。打底层焊接时，焊枪与焊接方向的夹角和焊枪与焊件的夹角如图4-5所示。

在坡口内侧引弧（焊丝伸出长度为8~10mm），电弧引燃后，无须下压电弧，沿定位焊缝的斜坡顶端向坡口根部运行焊枪，至坡口根部后，做小幅度横向摆动，

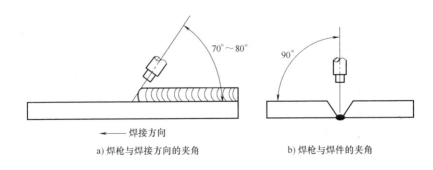

a) 焊枪与焊接方向的夹角　　　　b) 焊枪与焊件的夹角

图4-5　焊枪与焊接方向的夹角和焊枪与焊件的夹角

并在坡口两侧稍做停顿。尽可能保持熔孔大小基本一致，以获得宽窄、高低均匀平整的背面焊缝成形。平焊时熔孔控制尺寸如图 4-6 所示。

当坡口间隙和熔孔增大时，焊枪横向摆动的幅度也要加宽，以保证获得均匀一致的背面焊缝成形。焊接过程中，焊丝端部应始终在熔池前半部燃烧，不得脱离熔池。焊接过程中，应严格控制喷嘴高度，不能遮挡操作者的视线，打底层焊缝厚度应保持在 3~4mm。不要频繁停顿，以免产生不必要的接头，一般可一次连续焊接完成，若不能一次焊完，则应打磨收弧处，再次引弧进行正常焊接。

V 形坡口平焊打底焊道示意图如图 4-7 所示，V 形坡口平焊焊枪摆动方式如图 4-8 所示。

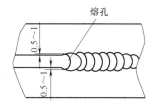

图 4-6　平焊时熔孔控制尺寸

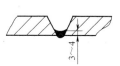

图 4-7　V 形坡口平焊打底焊道示意图

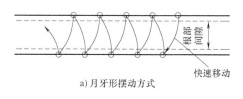

a) 月牙形摆动方式

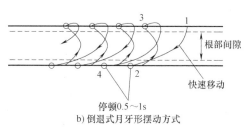

b) 倒退式月牙形摆动方式

图 4-8　V 形坡口平焊焊枪摆动方式

（2）填充焊　填充层焊接前，先将打底层焊缝表面的焊渣和飞溅物清理干净，再进行填充焊操作，填充焊道示意图如图 4-9 所示。

填充层焊接时，焊枪角度及焊枪横向摆动方法与打底焊时相同，焊丝伸出长度比打底焊时长 1~2mm。焊接时，焊枪摆动应均匀到位，在坡口两侧稍加停顿，以保证焊缝平整，使坡口两侧边缘充分熔化，不产生夹渣缺陷。焊接过程中应注意控制焊接速度，以保证合适的焊缝厚度，并使填充层与打底层的金属熔合良好。填充层焊接完成后，焊缝表面距焊件表面以 1～1.5mm 为宜，并不得破坏坡口边缘棱角。

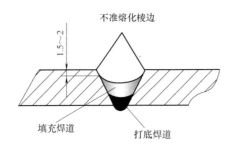

图 4-9　填充焊道示意图

（3）盖面焊　盖面层焊接前，先将填充层焊缝表面的焊渣及金属飞溅物清理干净，接头处凹凸不平的地方用角磨机打平，导电嘴、喷嘴周围的飞溅物也应清理干净。盖面层焊接时，焊枪角度及焊枪横向摆动方法与填充焊时基本相同，但焊枪横向摆动幅度不宜过大，否则易出现焊波粗大和咬边现象。焊枪在坡口两侧摆动要均匀缓慢，以防止产生咬边缺陷。焊接过程可一次连续完成，当中途中断焊接时，要做到滞后停气，以免熔池在高温状态下发生氧化现象。

5. 注意事项

1）焊接电流是重要的焊接参数，是决定焊缝厚度的主要因素。焊接电流大小主要取决于送丝速度，但是焊接电流必须与焊丝直径相适应，以保证焊接过程的稳定。

2）适宜的焊丝伸出长度与焊丝直径有关，一般焊丝伸出长度越长，飞溅率越高，所以在保证不堵塞喷嘴的情况下，应尽可能地缩短焊丝伸出长度。焊丝伸出长度等于焊丝直径的 10 倍左右为宜。

3）焊接过程中要控制好焊枪的倾角，倾斜角度越大，飞溅越多。焊枪前倾或后倾最好不超过 20°。

练习三　CO_2 气体保护焊平角焊

1. 工艺分析

1）CO_2 气体保护焊平角焊的焊脚尺寸决定焊接层数和焊道数量，一般当焊脚尺寸在 8mm 以下时，多采用单层焊；当焊脚尺寸在 8～10mm 时，采用多层焊；当焊脚尺寸大于 12mm 时，采用多层多道焊。焊脚尺寸与焊接层数的关系如图 4-10 所示。

2）CO_2 气体保护焊平角焊的焊枪与焊接方向夹角一般为 70°～80°，焊接方法

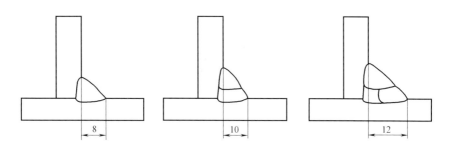

图 4-10　焊脚尺寸与焊接层数的关系

采用左焊法。

3）进行 CO$_2$ 气体保护焊平角焊接时，极易产生咬边、焊缝下垂等缺陷。当焊接电流过大、电弧电压较低时，一般会形成凸形焊缝。如果焊枪倾角和指向位置不准确，焊接速度慢，则均会使焊道下坠。如果引弧电压过高，焊接速度过快或焊枪偏向垂直立板侧，则会导致立板温度过高，产生咬边等缺陷。所以在焊接时要注意焊枪角度、焊接速度及焊接参数的合理配合。

4）如果两板厚度不等，要相应地调节焊枪角度，电弧要偏向于厚板一侧，使厚板所受热量增加。通过焊枪角度的调节，使厚、薄两板受热趋于均匀，以保证接头良好地熔合。不同板厚焊枪角度如图 4-11 所示。

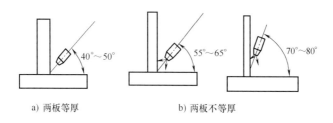

a) 两板等厚　　　　　　　　b) 两板不等厚

图 4-11　不同板厚焊枪角度

5）引弧、运丝、收弧方法。在焊道前端 10~15mm 处引弧，起弧之前在焊丝端头与母材之间保持一定距离的情况下，按下焊枪开关。在起弧时，要保持焊丝伸出长度基本稳定，起弧处由于焊件温度较低，又无法像焊条电弧焊那样拉长电弧预热，一般应采用倒退引弧法，以促使焊道充分熔合。

平角焊接过程中，焊枪一般不摆动或做小幅摆动。收弧时，应保持焊丝伸出长度不变，并把燃烧点拉到熔池边缘处再停弧。

平角焊是指角接接头、T 形接头和搭接接头在平焊位置的焊接。因角接接头、搭接接头和 T 形接头的操作方法类似，在此只介绍 T 形接头操作。在练习操作时，为了节省材料和装配时间，增加焊缝个数，与焊条电弧焊平角焊一样，建议将板料组装成图 4-12 所示的形式进行焊接，但正式焊接时必须按规范进行装配。

2. 焊前准备

（1）焊件材料　Q235 钢板。

（2）焊件尺寸及数量　300mm×150mm×12mm，两块。

（3）焊接材料　焊丝 ER49-1（H08Mn2SiA），焊丝直径为 1.2mm。

（4）焊机　NBC1-300 型半自动焊机及配套供气系统，直流反接。

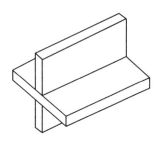

图 4-12　平角焊焊件
练习装配形式

（5）焊前清理　对坡口周围 20mm 范围内的铁锈、油污进行清理，并用角磨机打磨出金属光泽。为了防止焊接时飞溅物堵塞焊枪喷嘴，每焊一段时间应在喷嘴上涂一层喷嘴防堵剂。

（6）装配及定位焊　在试件两端对称处，将试件组焊成 T 形接头，四条焊缝长度均为 10~15mm。定位焊时使用的焊丝及焊接参数与正式焊接时相同，定位焊后应校正焊件，以保证立板与平板的垂直度。

3. 焊接参数

CO_2 气体保护焊平角焊焊接参数见表 4-3。

表 4-3　CO_2 气体保护焊平角焊焊接参数

焊接层数	焊丝直径/mm	焊接电流/A	电弧电压/V	运丝方式	气体流量/（L/mm）
一层一道	1.2	150~170	21~23	斜圆圈形或锯齿形运丝法	15~20
两层一道		130~160	20~22		10~15
两层两道		120~150		直线形或斜圆圈形运丝法	

4. 操作要领

（1）引弧　采用左焊法，操作时将焊枪置于右端引弧。

（2）焊接　如果焊枪对准的位置不准确，引弧电压过低或者焊接速度过慢会使熔滴下淌。如果引弧电压过高，焊接速度过快或焊枪过于偏向立板，致使母材温度过高，会引起焊缝咬边。由于采用较大的电流焊接，所以焊接速度可以适当地快一些，同时可以适当地做横向摆动。焊接过程中要始终控制焊脚尺寸，并保证焊道与焊件良好熔合。

（3）运丝

1）采用斜锯齿形运丝法时，跨距要宽一些，并在熔池上下两边稍做停顿，且上边缘停顿时间略长于下边缘，防止咬边和焊脚下垂。斜锯齿形运丝方式如图 4-13 所示。

斜圆圈形运丝方式如图 4-14 所示，其运丝要领为：$a \rightarrow b$ 慢速，以保证水平板有足够的熔深，并充分焊透；$b \rightarrow c$ 稍快，以防止熔化金属下淌；在 c 处稍做停顿，以保证垂直板熔深，并要注意防止咬边现象产生；$c \to d$ 稍慢，以保证根部焊透和水平板熔深；$d \to e$ 稍慢，在 e 处稍做停留。

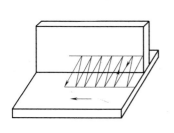

图 4-13　斜锯齿形运丝方式

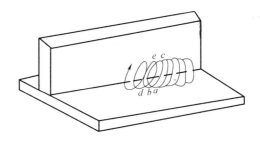

图 4-14　斜圆圈形运丝方式

2）两层两道焊接时，第一层用直线形运丝法施焊，焊接电流稍大，以保证熔深足够。第二层的焊接电流稍偏小，采用斜圆圈形运丝法，以左焊法焊接。多层多道焊时，其焊接层数可参照焊条电弧焊的平角焊多层多道焊方式进行。但采用横向摆动时，第一层采用直线形运丝法焊接，第二层以后可采用斜圆圈形和直线形运丝法交叉进行焊接。

（4）收弧　焊至终焊端填满弧坑后，稍停片刻缓慢地抬起焊枪完成收弧。

5. 注意事项

1）施焊过程中要注意掌握焊枪角度，灵活掌握焊接速度，以防止产生未熔合、咬边、气孔等焊接缺陷。

2）熄弧时严禁突然切断电源，在弧坑处必须稍做停留，待填满弧坑后再进行熄弧操作。

3）厚板平角焊时，要使焊缝对称，必须考虑垂直侧与水平侧钢板的散热情况，电弧一般指向散热好的一侧。

4）焊接结束后，先关闭气瓶开关，再关减压阀。

练习四　CO₂气体保护焊板对接立焊

1. 工艺分析

CO₂气体保护焊板对接立焊焊接时，采用细焊丝短路过渡形式焊接有利于焊缝成形，但焊接电流不宜过大，焊枪摆动频率不能太慢，否则会产生液态金属下淌，焊缝正面和背面易出现焊瘤等缺陷。

CO₂气体保护焊立焊分向上立焊和向下立焊两种，一般情况下，当板厚不大于6mm 时，采用向下立焊的方法焊接；当板厚大于 6mm 时，宜采用向上立焊的方法焊接。

（1）向下立焊

1）CO$_2$ 气体保护焊向下立焊的最佳焊枪角度如图 4-15 所示。

2）在焊件的顶端引弧，应注意观察熔池，待焊件底部完全熔合后，开始向下焊接。焊接时，采用直线形运丝或反月牙形小幅度摆动，焊接速度要稍快一些。由于铁液的自重的影响，为避免熔池中铁液流淌，在焊接过程中焊丝应始终对准熔池的前方，对熔池起到上托的作用，如图 4-16a 所示；否则铁液会流到电弧的前方，此时应加速焊枪的移动，并减小焊枪的角度，靠电弧吹力把铁液推上去，如图 4-16b 所示，避免产生焊瘤及未焊透等缺陷。

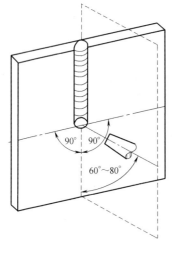

图 4-15　向下立焊的最佳焊枪角度

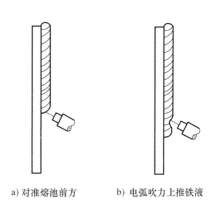

a) 对准熔池前方　　b) 电弧吹力上推铁液

图 4-16　焊枪与熔池的关系

（2）向上立焊

1）向上立焊的最佳焊枪角度为 70°～90°。

2）向上立焊时的熔深较大，容易焊透。虽然熔池的下部有焊缝依托，但熔池底部是一个斜面，熔融金属在重力作用下比较容易下淌，很难保证焊缝表面平整。为防止熔融金属下淌，必须采用比平焊稍小的焊接电流，使熔池小而薄，焊枪的摆动频率应稍快，采用锯齿形小节距的摆动方式进行焊接。向上立焊时的熔孔与熔池如图 4-17 所示。

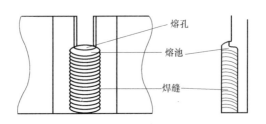

熔孔

熔池

焊缝

图 4-17　向上立焊时的熔孔与熔池

3）向上立焊焊枪摆动方式如图4-18所示。当要求较小的焊缝宽度时，一般采用如图4-18a所示的小幅度摆动，此时热量比较集中，焊缝容易凸起，因此在焊接时，摆动频率和焊接速度应适当加快，严格控制熔池温度和大小，保证熔池与坡口两侧充分熔合。如果需要焊脚尺寸较大时，应采用如图4-18b所示的上凸月牙形摆动方式，在坡口中心移动速度要快，而在坡口两侧稍加停留，以防止咬边。注意焊枪摆动要采用上凸的月牙形，尽量不要采用如图4-18c所示的下凹月牙形。因为下凹月牙形的摆动方式容易引起金属液下淌和咬边，焊缝表面下坠，成形不好。

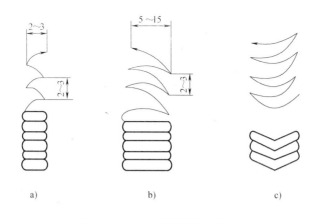

a)   b)   c)

图4-18 向上立焊焊枪摆动方式

本练习重点介绍向上立焊 CO_2 气体保护焊操作。

2. 焊前准备

（1）焊件材料 Q235钢板。

（2）焊件尺寸、数量及几何要求 300mm×150mm×12mm，两块，V形坡口，坡口加工角度为30°±2°，不留钝边。

（3）焊接要求 单面焊双面成形。

（4）焊接材料 焊丝ER49-1（H08Mn2SiA），焊丝直径为1.2mm。

（5）焊机 NBC1-300型半自动焊机及配套供气系统，直流反接。

（6）焊前清理 对坡口周围20mm范围内的铁锈、油污进行清理，并用角磨机打磨出金属光泽。

（7）装配及定位焊 始焊端装配间隙为2.5mm，终焊端装配间隙为3.2mm，错边量不大于0.5mm。在试件两端坡口内定位焊，焊缝长度为10~15mm。定位焊时使用的焊丝及焊接参数与正式焊接时相同，定位焊后将定位焊缝两端用角磨机打磨成斜坡状，并将坡口内的飞溅物清理干净。

（8）反变形量 预置反变形量为2°~3°。

3. 焊接参数

CO_2 气体保护焊焊接电流主要是控制焊丝的送丝速度，电弧电压主要是控制焊丝的熔化速度。所以，焊接电流和电弧电压之间的匹配需恰到好处，如果焊接电流和电弧电压匹配不当，可能会造成引弧困难、焊接电弧不稳定、焊接时飞溅颗粒增加、焊缝成形不良等问题。

正式焊接操作前，应调试焊接电流和电弧电压，在试板上进行试焊，试焊时应该观察焊机上的电流表和电压表是否符合焊接参数要求，并将焊接电流、电弧电压调整到手感很好的状态，焊接时电弧会很均匀地发出"沙沙"的响声。CO_2 气体保护焊板对接立焊焊接参数见表4-4。

表4-4　CO_2 气体保护焊板对接立焊焊接参数

焊道层次	焊丝直径 /mm	焊接电流 /A	电弧电压 /V	运丝方式	气体流量 /(L / min)
打底层	1. 2	90 ~ 110	18 ~ 20	小锯齿形或小月牙形运丝法	12 ~ 15
填充层		130 ~ 150	20 ~ 22	月牙形运丝法	
盖面层					

4. 操作要领

焊前先检查焊件装配间隙及反变形量是否合适，把焊件垂直固定好，间隙小的一端放在下面。

（1）打底焊　打底焊时，容易出现未焊透、烧穿、焊瘤、根部收缩等缺陷，焊接时要注意按规范操作。

1）引弧。在定位焊缝内部或引弧板内部引弧焊接，不要直接在焊件根部间隙处引弧，否则易造成穿丝现象。

2）运丝。将焊件垂直固定在工位上，采用向上立焊。调节好打底焊的焊接参数后，在焊件下端定位焊上引弧，焊丝与焊件下部夹角为70°~80°，焊丝伸出长度为8~10mm。在坡口内侧引弧，电弧引燃后，沿定位焊缝的斜坡顶端向坡口根部运行焊枪，至坡口根部后，做小幅度横向摆动（即做小锯齿形横向摆动或小幅度反月牙形摆动），并在坡口两侧稍做停顿，尽可能保持熔孔大小基本一致。

打底焊熄弧的方法是先在熔池上方做一个熔孔，然后将电弧拉至任何一侧熄弧。接头的方法与焊条电弧焊相似，在弧坑下方10mm处坡口内引弧，焊丝运动到弧坑根部时其摆动放慢，听到"噗噗"声后停顿，随后立即恢复正常焊接。

正常施焊后，根据根部间隙的大小来确定电弧摆动幅度，如果根部间隙较大或钝边尺寸较小，则需要适当增加摆动幅度，以防止烧穿根部；如果根部间隙和钝边尺寸适中，焊接时可以采用较小的摆动幅度。

打底焊道尽量一次完成，假如中途断弧，再起弧焊接前应将收弧处打磨至缓坡过渡后再施焊。

（2）填充焊　调节好填充层焊接参数后，自下而上焊接填充焊缝，注意焊前先清除打底焊道和坡口表面的飞溅及焊渣，并用角磨机将局部凸起的焊道磨平。焊接时，采用反月牙形摆动，焊枪横向摆动比打底层焊接时大一些，电弧在坡口两侧稍做停顿，在盖面焊道前一层的填充焊道的焊接质量相当重要，它直接关系着盖面焊道的成形，所以必须控制好其焊缝成形和距离母材表面的深度，并保证焊道两侧良好熔合，不允许烧伤坡口棱边，填充层一般距离母材表面的深度应控制在 1.5 ~ 2mm 之间。

（3）盖面焊 盖面层的焊接，焊丝与焊件下部夹角为 70° ~ 75°，采用锯齿形运动。焊接速度要均匀，熔池铁液应始终保持清晰明亮，当焊丝摆动压过坡口边缘 1 ~ 2mm 处时应稍做停顿，以免产生咬边，保证焊缝表面成形平直美观。

施焊过程中，每个新熔池应覆盖前一个熔池 1/2 左右，熔池形状和大小应保持一致。

5. 注意事项

1）焊接姿势。立焊操作时，焊工最好采取坐姿或者站姿。站姿焊接时，应让身体有一个依靠，这样焊接时身体才会更加稳定。应选用头盔式防护面罩，可采取双手握枪进行施焊，双手握枪施焊的优点是能更加稳定地运丝，保证焊波的均匀性。

2）立焊时焊丝从导电嘴伸出至焊件部分的长度应控制在 8 ~ 10mm 之间。

3）焊枪摆动的幅度直接关系着焊缝质量，焊枪摆动方式有锯齿形运丝法和反月牙形运丝法两种。一般初次接触立焊时，焊工会有意无意中形成正月牙形运丝法，采用正月牙形运丝法焊出的焊缝会因熔敷金属下淌而造成焊缝余高过大，甚至会出现咬边缺陷。

4）盖面层焊接到钢板顶端收弧时，待电弧熄灭熔池凝固后方可移开焊枪，以免局部产生气孔。

练习五 CO₂气体保护焊立角焊

1. 工艺分析

立角焊角接接头焊包括 T 形接头、十字接头、搭接接头的焊接。本练习以 T 形接头为例进行讲解。

CO₂气体保护焊的 T 形接头立焊和板对接立焊基本相似，有两种焊接方式，一种是向上立焊，一种是向下立焊。一般情况下，当板厚不大于 6mm 时，采用向下立焊的方法；当板厚大于 6mm 时，宜采用向上立焊的方法。

向下立焊过程中，由于 CO₂气流有承托熔池金属的作用，熔融金属不易下坠，焊接操作较为方便，焊缝成形美观，但熔深较浅。向下立焊运枪方式有直线移动和横向摆动两种，横向摆动一般多采用反月牙形摆动运枪法。

T 形接头的焊脚尺寸决定焊接层数和焊道数量，一般当焊脚尺寸在 8mm 以下时，采用单层焊，焊枪多采用直线形或直线往复运丝法；当焊脚尺寸大于 8mm 时，采用多层焊或多层多道焊。

CO_2 气体保护焊立角焊焊接时，易在立板上产生咬边或在水平板上产生焊瘤等缺陷，所以焊接过程中应特别注意控制焊枪的角度，焊枪角度及指向是保证最后得到合格焊脚尺寸和光滑均匀焊缝的前提。一般情况下，两板不等厚时，焊丝的倾角应使电弧偏向厚板，板厚越大，焊丝与其夹角越大。

2. 焊前准备

（1）焊件材料　Q235 钢板。

（2）焊件尺寸及数量　300mm×150mm×12mm，两块。

（3）焊接材料　焊丝 ER49-1（H08Mn2SiA），焊丝直径为 1.0mm。

（4）焊机　NBC1-300 型半自动焊机及配套供气系统，直流反接。

（5）焊前清理　对坡口周围 20mm 范围内的铁锈、油污进行清理，并用角磨机打磨出金属光泽。

（6）装配及定位焊　将焊件组装成 T 形接头形式，定位焊在焊件两端对称处，四条焊缝长度均为 10~15mm。定位焊时使用的焊丝及焊接参数与正式焊接时相同，定位焊后应校正焊件，以保证立板与平板的垂直度。

在练习操作时，为了节省材料和装配时间，增加焊缝个数，与焊条电弧焊立角焊一样，建议将板料组装成图4-19所示的形式进行焊接，但正式焊接时必须按规范进行装配。

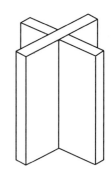

图 4-19　立角焊焊件练习装配形式

3. 焊接参数

CO_2 气体保护焊立角焊焊接参数见表4-5。

表 4-5　CO_2 气体保护焊立角焊焊接参数

焊道位置	焊丝直径 /mm	伸出长度 /mm	焊接电流 /A	电弧电压 /V	气体流量 /(L/min)
一层一道			90~110	17~19	
二层一道	1.0	≤10	100~120	18~21	8~10
三层一道			110~120	19~22	

4. 操作要领

（1）打底焊　将定位焊好的焊件固定于立焊位置，采用向上立焊法，在焊件下端定位焊处引弧，电弧引燃后，调整好焊枪角度和电弧长度，待定位焊点熔化并形成熔池方可向上摆动，采用小锯齿形运枪，每次摆动都应压住前熔池的 2/3 左右。正常焊接过程中，焊枪（电弧）摆动应始终一致，即摆动幅度宽窄基本相等，前移步伐大小相同，匀速运枪。

焊接过程中，应随时注意观察根部熔合情况，根部熔化、焊趾熔合后电弧才可以上移，熔池温度较低时，摆动速度要慢一些；当熔池温度过高时，应适当地加快摆动速度，焊接过程中应保持熔池的形状基本一致。立角焊焊枪角度如图4-20所示。接头时，在熄弧点前方约10mm处引燃电弧，缓慢拉至弧坑处，沿弧坑形状将弧坑填满，待熔池与弧坑完全熔合后，转入正常焊接。

当焊至焊件末端时，可采用反复灭弧法，使熔池逐渐缩小，填满弧坑后再熄弧。

（2）填充焊 填充层焊接与打底层焊接的方法基本相同，采用锯齿形运枪，电弧摆动较打底焊宽些，两端停顿时间稍长些，焊接时要注意观察熔池与两侧母材是否熔合，收尾时填满弧坑。

（3）盖面焊 盖面焊的运枪方式建议采用正三角形摆动运枪法。焊接时要注意焊枪角度，避免出现咬边等缺陷，其他操作要领与打底层焊接基本相同。立角焊盖面焊运枪方式如图4-21所示。

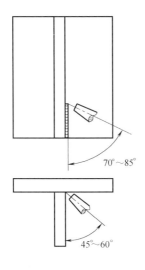

图4-20 立角焊焊枪角度

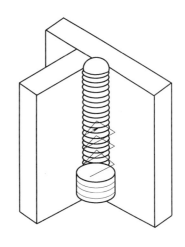

图4-21 立角焊盖面焊运枪方式

5. 注意事项

1）焊接过程中，要注意焊枪对准位置，调整好运枪角度，保持合适的焊丝伸出长度，焊枪摆动要有规律，不能忽快忽慢，避免由于操作不当造成铁液下淌，焊缝下垂，形成咬边和焊瘤等缺陷。

2）焊接过程中，由于某种原因造成停弧，可使焊枪喷嘴在原地停顿适当时间后再移开。

3）在焊接操作过程中，焊枪摆动时要特别注意保持焊丝的伸出长度。当焊丝伸出长度太长时，电弧不稳定，飞溅较大，焊缝成形不良；当焊丝伸出长度过小时，会缩短喷嘴与焊件间的距离，影响操作者对熔池的观察，飞溅金属也容易堵塞喷嘴，甚至造成喷嘴烧损。

练习六　CO_2 气体保护焊板对接横焊

1. 工艺分析

CO_2 气体保护焊板对接横焊过程中，液态金属在重力的作用下容易下坠，操作不当会出现焊缝表面不对称，焊丝偏上造成焊缝下侧未熔合，上侧产生咬边；焊丝偏下会使背面焊缝下垂，下侧产生焊瘤。焊接时，焊丝要以小角度前倾，使铁液的重力、表面张力和电弧吹力三者保持平衡，以控制铁液前淌。

CO_2 气体保护焊板对接横焊时，熔池虽有下面母材支承而较易操作，但焊道表面不易对称，所以焊接时，必须使熔池尽量小一些。同时采用多层多道焊的方法来调整焊道表面形状，最后获得较对称的焊缝外形。通过多条窄焊道的堆积，来尽量减小熔池的体积，调整焊道外表面形状，最终获得较好的焊缝表面成形。

如果坡口间隙较小，宜采用直线移动法运枪，如图 4-22a 所示。如果坡口间隙大一点，则采用横向小锯齿形摆动法运枪，摆幅相对于焊条电弧焊要小，摆动到上下两侧要稍做停留，如图 4-22b 所示。

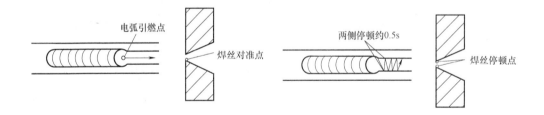

a) 直线移动法　　　　　　　　　　　　b) 横向小锯齿形摆动法

图 4-22　焊枪摆动方式示意图

横焊时，焊件角变形较大，它除了与焊接参数有关外，还与焊缝层数、每层焊道数目有关。焊接过程中，要适当控制焊枪角度，来保证焊接过程稳定和良好的焊缝成形。

较厚 V 形坡口钢板对接横焊，一般采用三层六道焊法。横焊 V 形坡口三层六道示意图如图 4-23 所示。

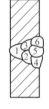

图 4-23　横焊 V 形坡口三层六道示意图

2. 焊前准备

（1）焊件材料　Q235 钢板。

（2）焊件尺寸、数量及几何要求　300mm×150mm×12mm，两块，V 形坡口，坡口加工角度为 30°±2°，不留钝边。

（3）焊接要求 单面焊双面成形。

（4）焊接材料 焊丝 ER49-1（H08Mn2SiA），焊丝直径为 1.2mm。

（5）焊机 NBC1-300 型半自动焊机及配套供气系统，直流反接。

（6）焊前清理 对坡口周围 20mm 范围内的铁锈、油污进行清理，并用角磨机打磨出金属光泽。

（7）装配及定位焊 始焊端装配间隙为 3.2mm，终焊端装配间隙为 4.0mm，错边量不大于 0.5mm。在试件两端坡口内定位焊，焊缝长度为 20mm。定位焊时使用的焊丝及焊接参数与正式焊接时相同，定位焊后将定位焊缝两端用角磨机打磨成斜坡状，并将坡口内的飞溅物清理干净。

（8）反变形量 预置反变形量为 3°~4°。

3. 焊接参数

CO₂ 气体保护焊板对接横焊焊接参数见表 4-6。

表 4-6 CO₂ 气体保护焊板对接横焊焊接参数

焊接层次	焊丝直径/mm	焊接电流/A	电弧电压/A	气体流量/（L/min）
打底层		90~100	18~20	
填充层	1.2	110~120	20~22	10~15
盖面层				

4. 操作要点

（1）打底焊 调试好焊接参数后，在定位焊缝上引弧，以小幅度锯齿形摆动，自右向左焊接，当预焊点左侧形成熔孔后，尽可能地保持熔孔直径不变，调整焊接速度和焊枪摆幅，焊至左端收弧。横焊焊枪角度如图 4-24 所示。

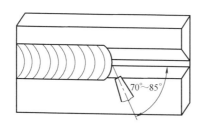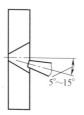

图 4-24 横焊焊枪角度

在打底焊过程中，推荐采用按下述步骤接头：

1）将接头处焊缝打磨成斜坡。

2）在打磨的焊道斜坡的最高处引弧，并以最小幅度锯齿形摆动，当接头区前端形成熔孔后，继续焊完打底焊道。

焊完打底焊道后，要清除焊渣，然后用角磨机将局部凸起的焊道磨平。

（2）填充焊 调试好填充层焊接参数，按图 4-25 所示的焊枪对准位置及角度进行二、三焊道的焊接，采用先下后上的顺序焊接，焊枪做直线往复或者斜圆圈形摆动，随着焊道的增加，每条焊道的熔敷金属量应相应递减。整个填充层厚度应低于母材 1.5~2mm，不得熔化坡口棱边。

1）焊填充焊道 2 时，焊枪成 0°~10°俯角，电弧以打底焊的下缘为中心做横向摆动。

2）焊填充焊道 3 时，焊枪成 0°~10°仰角，电弧以打底焊的下缘为中心做横向摆动，并重叠焊道 2 的 1/2~2/3。

（3）盖面焊　清除填充焊道的表面焊渣及飞溅，并用角磨机打磨局部凸起。调试好盖面层焊接参数，按图 4-26 所示的焊枪对准位置及角度进行盖面焊接，操作方法基本同填充焊。第一条焊道与填充层基本相同，不过摆动幅度稍大一些，以熔化下坡口边缘 1~1.5mm 为准，焊缝余高稍高于焊件表面。第二、第三条焊道焊接时，焊枪摆动幅度要小或者直接用直线移动法焊接。第三条焊道以熔化上坡口边缘 1~1.5mm 为宜。

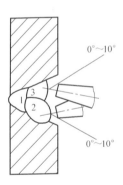

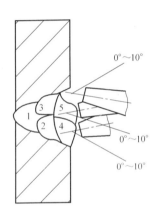

图 4-25　填充焊焊枪对准位置及角度示意图　　图 4-26　盖面焊焊枪对准位置及角度示意图

5. 注意事项

1）横焊过程中，要注意焊接电压、焊接速度、焊枪角度和焊丝对准位置，注意焊接电流、电弧电压参数匹配调整。

2）填充焊和盖面焊应尽量采用直线形或直线往复运丝法焊接。

3）焊接过程中，应尽量保持焊枪匀速移动。

练习七　CO_2 气体保护焊板对接仰焊

1. 工艺分析

CO_2 气体保护焊板对接仰焊过程中，熔滴飞溅不易控制，熔池金属受重力作用下淌趋势比横焊要大。焊接过程中，一定要严格控制热输入和冷却速度，以较小的焊接电流、较大的焊接速度，适当加大气体流量，使熔池尽可能的小一些，凝固尽可能快一些，以防止熔融金属下坠。通常采用细丝短路过渡法焊接（焊丝直径均小于或等于1.2mm）。焊接方向多为右焊法。考虑到CO_2气体本身的特性以及焊接位置等因素，在焊接过程中，焊枪与焊缝轴线的夹角一般以70°~90°为宜。

1）不同厚度钢板对接仰焊的装配间隙见表4-7。

表4-7　不同厚度钢板对接仰焊的装配间隙

焊接坡口形式	始焊端间隙/mm	终焊端间隙/mm
8~12mm厚度钢板V形坡口对接	2.5	3.5
5~6mm厚度钢板V形坡口对接	2	3
1~2mm厚度钢板I形坡口对接	0.5	0.5

2）根据板厚的不同，装配间隙和焊接层数均不同，薄板往往采用单面焊，对于板厚小于12mm，装配间隙适当的板对接仰焊，宜采用常规的三层（打底层、填充层、盖面层）单道焊法。当焊件厚度较大时，需要采用多层多道焊。

① 单道仰焊（薄板）。为了能够保证焊透，焊件间应留1.5~2.0mm的间隙。通常使用细焊丝（直径为0.8~1.2mm）进行短路过渡焊接，操作焊枪时应对准坡口中心。焊枪的角度与位置示意图如图4-27所示。

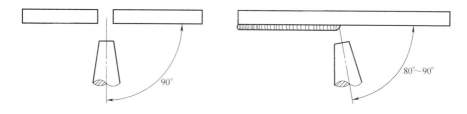

图4-27　焊枪的角度与位置示意图

以直线式或小幅摆动式运枪，靠电弧推力和熔滴表面张力的作用保持熔池。焊速过慢时，熔池金属易下垂，焊道表面易出现凹凸不平，严重时会造成熔池金属流淌，背面出现下凹。所以焊接时应注意观察熔池的状态，及时调节焊接速度和焊枪摆动幅度，控制好焊枪角度。

② 多层仰焊。第一层焊道焊接操作时，焊枪应对准坡口中心，保持焊枪角度，以右焊法匀速移动。焊枪小幅摆动过程中，一定要在焊道两侧稍做停留，以便得到表面平坦的焊道，为此后的填充焊道打下良好的基础。

第二层和第三层焊道都以均匀摆动焊枪的形式进行焊接，在坡口两侧应做短时停留，以便保证该处充分熔透并防止产生咬边。

第四层以后，由于焊缝宽度太大，则摆幅太大，此时易产生未焊透和气孔。所以最好采用如图4-28所示的熔敷方法，也就是从第四层以后，每层焊两条焊道。在这两条焊道中，第一条焊道不宜过宽，否则将造成焊道下垂和给第二条焊道留下的坡口太窄，易使第二条焊道形成未焊透或产生凸起。所以第一条焊道宽度界限应在略过焊缝中心线的位置，第二条焊道应覆盖第一条焊道 1/3 左右。

填充层焊道表面应保持平坦，并使该焊道距工件表面 1~2mm。

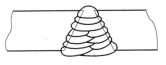

图 4-28 厚板仰焊的熔敷方式

盖面层焊道也采用两条焊道完成。焊接这两条焊道时，电弧在坡口两侧应做少许停留，防止产生咬边和余高不足等缺陷。在焊接第二条焊道时，应注意与第一条焊道均匀搭接，防止产生焊道的高度和宽度不规整，影响焊缝成形。

2. 焊前准备

（1）焊件材料　Q235 钢板。

（2）焊件尺寸、数量及几何要求　300mm×150mm×10mm，两块，V 形坡口，坡口加工角度为 30°±2°，不留钝边。

（3）焊接要求　单面焊双面成形。

（4）焊接材料　焊丝 ER49-1（H08Mn2SiA），焊丝直径为 1.2mm。

（5）焊机　NBC1-300 型半自动焊机及配套供气系统，直流反接。

（6）焊前清理　对坡口周围 20mm 范围内的铁锈、油污进行清理，并用角磨机打磨出金属光泽。施焊前，应将焊丝上的油、锈等污物清除干净。

（7）装配及定位焊　始焊端装配间隙为 2.5mm，终焊端装配间隙为 3.5mm，错边量≤0.5mm。在试件两端坡口内定位焊，焊缝长度为 10mm 以内，要求焊透，并控制焊缝厚度约为板厚的 2/3，不得过高。当发现定位焊缝有缺陷时，应清除掉并重新焊接，不允许把缺陷留在焊缝内。定位焊时使用的焊丝及焊接参数应与正式焊接时相同，定位焊后将定位焊缝两端用角磨机打磨成斜坡状，并将坡口内的飞溅物清理干净。

（8）反变形量　预置反变形量约为 3°。

（9）焊前检查　施焊前应先对电源、送丝机构、焊枪、气瓶和减压流量调节器等分别进行检查，并把流量计调到所需流量，然后再进行试焊，做整体检查。每次焊接前，都应检查并清理导电嘴、喷嘴上的飞溅，并将喷嘴涂以硅油。焊枪的电缆导管应有足够的长度。

3. 焊接参数

CO_2 气体保护焊板对接仰焊焊接参数见表 4-8。

表 4-8　CO_2 气体保护焊板对接仰焊焊接参数

焊接层次	焊丝直径 /mm	焊接电流 /A	电弧电压 /V	气体流量 /（L/min）	焊丝伸出长度 /mm
打底层		90~110			
填充层	1.2	130~150	20~22	15~20	8~12
盖面层		120~140			

4. 操作要领

采用右焊法，由于焊件厚度不大，所以宜采用常规的三层（打底层、填充层、盖面层）焊法，焊层及焊道分布如图 4-29 所示，焊枪角度如图 4-30 所示。

（1）打底焊　在左端定位焊缝上引弧，使电弧沿焊缝中心做小幅度锯齿形摆动，自左向右焊接，当把定位焊缝覆盖，电弧到达定位焊缝与坡口根部连接处时，用电弧将坡口根部击穿，形成第一个熔孔，转入正常焊接。

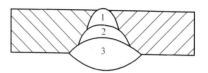

图 4-29　焊层及焊道分布

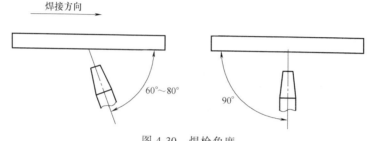

图 4-30　焊枪角度

打底焊时应注意以下几点：

1）焊接过程中电弧不得脱离熔池，要始终控制好焊丝伸出长度，利用电弧吹力防止熔滴金属下淌。

2）焊接打底焊道时，应注意控制熔孔的大小，既要保证焊根焊透，又要防止焊道背面下凹、正面下坠。

3）焊丝摆动时，摆幅要小而均匀，防止外夹丝。若发现夹丝较为严重，则要中断焊接，将夹丝剔除，打磨后再继续施焊。

当焊丝用完，或者由于送丝机构、焊枪出现故障，需要中断焊接过程时，焊枪不能马上离开熔池，应先稍做停留，待电弧熄灭，熔池完全凝固以后，才能移开焊枪，若有可能应将电弧移向坡口一侧再停弧，以防产生缩孔和气孔。然后用砂轮机将弧坑焊道打磨成缓坡形，打磨时要特别注意不能磨掉坡口的棱边。

接头时，焊丝伸出长度的顶端应对准缓坡的最高点，然后引弧，以小幅度锯齿形摆动焊枪，将焊道缓坡覆盖。当电弧到达缓坡最低处时，稍微压低电弧，即可转入正常施焊。

（2）填充焊　填充焊的焊枪角度同打底焊，施焊填充层前应将打底层焊道表面清理干净，局部凸起处应打磨平整。施焊填充焊道时，电弧应沿打底焊道的中心做横向摆动，摆动幅度比打底焊时稍大一些。

填充焊时应注意以下几点：

1）必须掌握好电弧在坡口两侧的停留时间。

2）应掌握好填充层的厚度，保持填充层焊道表面距离坡口棱边 1.5~2.0mm，不能熔化坡口的棱边。

（3）盖面焊　盖面焊的焊枪角度同填充焊，施焊盖面层前应将填充层焊道表面清理干净，局部凸起处应打磨平整。

盖面层焊接过程中，应根据填充焊道的高度，调整焊接速度，焊丝摆动幅度不宜过大，要尽可能地保持摆动幅度均匀，使焊道两侧边缘与母材熔合良好，焊道平直均匀，防止咬边、中间下坠等缺陷，确保焊缝成形美观。

5. 注意事项

1）选择正确的持枪姿势，身体与焊枪处于自然状态，手腕能灵活带动焊枪平移或摆动。焊接过程中，软管电缆的最小曲率半径应大于 300mm，焊接时可任意拖动焊枪，以确保焊接过程中能保持焊枪倾角不变，并能清楚方便地观察熔池。

2）由于仰焊时熔滴飞溅不容易控制，焊接操作过程中，一定要穿戴好劳动保护用品，以免造成烧伤。

3）应保持焊枪匀速向前移动，可根据焊接电流大小、熔池的形状、焊缝熔合情况来调整焊枪前移速度。

练习八　CO_2 气体保护焊管对接水平固定焊

1. 工艺分析

CO_2 气体保护焊管对接水平固定焊（6mm 以下）过程实际上是一个打底焊、盖面焊的过程。焊接时容易出现以下问题：

1）如果操作不熟练，在平、仰焊位置时，由于焊枪摆动速度过慢、熔孔尺寸过大、焊枪倾角不当等原因会产生焊瘤。

2）焊接时，如果焊丝伸出过长，焊接电流过大，焊枪倾角不正确，焊枪摆动至坡口两侧停顿时间较短，则会在焊缝表面产生咬边等缺陷。

3）若接头时脱节、接头过高或者焊缝宽窄不一致，则会使焊缝内部容易出现层间未熔合现象。

在管对接水平固定焊时，为了保证背面焊缝良好的成形，控制熔孔的大小是关键。沿管周焊接方向不断变化，经历了平焊、立焊和仰焊三种焊接位置的变化，这就要求在焊接过程中，通过不断地改变焊枪的角度和焊枪的摆动频步、速度和幅度来控制熔孔的尺寸，实现单面焊双面成形，同时还要注意焊接参数的选择。操作时，最好双手操作，以保持焊枪的角度和身体的稳定。

CO_2 气体保护焊管对接水平固定焊可以按逆时针和按顺时针两个方向进行，采用前后半圈对称焊接方法焊接。

2. 焊前准备

（1）焊件材料　Q235 钢管。

（2）焊件尺寸、数量及几何要求 $\phi108mm×5mm×100mm$，一组，V 形坡口，坡口加工角度为 30°±2°，钝边 0.5~0.8mm。

（3）焊接要求 单面焊双面成形。

（4）焊接材料 焊丝 ER49-1（H08Mn2SiA），焊丝直径为 1.0mm。

（5）焊机 NBC1-300 型半自动焊机及配套供气系统，直流反接。

（6）焊前清理 对坡口周围 20mm 范围内的铁锈、油污进行清理，并用角磨机打磨出金属光泽。施焊前，应将焊丝上的油、锈等污物清除干净。

（7）装配 将试件放在平板上，使管子中心线一致，不得出现错边现象，并留出合适的间隙（下部始焊处留 1.5mm，上部终焊处留 2.5mm）。焊件装配示意图如图 4-31 所示。

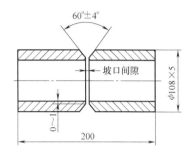

图 4-31 焊件装配示意图

（8）定位焊 采用两点定位（在时钟 10 点和 2 点钟位置），定位焊时使用的焊丝及焊接参数与正式焊接时相同，定位焊后将定位焊缝两端用角磨机打磨成斜坡状，并将坡口内的飞溅物清理干净。定位焊缝长度不大于 10mm，要求焊透和保证无焊接缺陷，并将定位焊两端修磨成斜坡。定位焊位置示意图如图 4-32 所示。

（9）焊前检查 施焊前应先对电源、送丝机构、焊枪、气瓶和减压流量调节器等分别进行检查，并把流量计调到所需流量，然后再进行试焊，做整体检查。每次焊接前，都应检查并清理导电嘴、喷嘴上的飞溅，并将喷嘴涂以防堵剂。

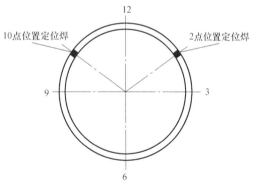

图 4-32 定位焊位置示意图

3. 焊接参数

CO₂ 气体保护焊管对接水平固定焊焊接参数见表 4-9。

表 4-9 CO₂ 气体保护焊管对接水平固定焊焊接参数

焊接层次	焊丝直径 /mm	焊接电流 /A	电弧电压 /V	运丝方式	气体流量 /（L/min）
打底层	1.0	90~100	18~20	小锯齿形运丝法	10~15
盖面层		100~110	19~21	锯齿形或斜圆圈形运丝法	15~18

4. 操作要领

（1）打底焊 在打底层焊接过程中，应保证在最佳的焊枪角度下施焊，如图

4-33 所示，焊枪角度均与相应焊接位置的半径方向成 10°左右的夹角，采用前后半圈对称焊接法焊接。焊接时，先按逆时针方向从 6 点→3 点、3 点→12 点进行前半圈焊接，再按顺时针方向从 6 点→9 点、9 点→12 点进行后半圈焊接。

前半圈施焊时，焊枪在 6 点 30 分的位置处对准坡口根部的一侧引弧，引燃电弧后，稍加稳弧移向坡口的另一侧并稍加停顿，打开熔孔通过坡口两侧的熔滴搭桥建立第一个熔池后，电弧做小幅度的横向摆动，在前方出现熔孔后即可进入正常焊接，焊至超过 12 点位置 8~10mm 处熄弧。

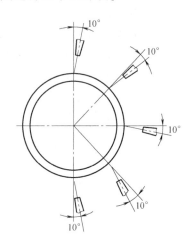

图 4-33 焊枪角度示意图

操作过程中，在仰焊位置为获得较为饱满的背面成形，焊枪做小锯齿形摆动，摆动的速度要快些，以避免局部高温熔滴下坠而造成背面凹陷。焊接过程中，其熔孔比立焊位置时要小，以熔化坡口钝边 0.5mm 为宜。在 6 点 30 分→3 点区域，焊接速度要快一些，在不穿丝能够保证背面高度的情况下，应保持较快的焊接速度。

后半圈施焊前，首先将 6 点 30 分处接头用角磨机打磨成斜坡，然后在斜坡一侧引弧，待电弧稳定后马上进入正常焊接，继续按图 4-33 所示的焊枪角度完成后半圈的焊接。

值得注意的是，仰焊位置容易形成背面凹陷和焊瘤，为保证背面得到饱满的焊缝，应保持好焊枪角度和焊丝伸出长度。在转变焊枪角度时应一手变动，另一只手作为支承点，转变时动作要小而且连贯。上爬坡（立焊位）焊接时，焊丝要向两侧坡口上拉，让熔池中间较快冷却，以防止背面超高。

打底焊时，一定要注意把熔池拉开，两侧停顿，以防止焊缝窄而高，两边出现夹槽。收弧时在坡口两侧停顿，焊枪不要马上离开熔池，待熔池完全凝固后再移开焊枪。打底焊的半圈最好一次完成焊接，尽量减少接头个数，避免接头修磨等多余的操作。

（2）盖面焊　盖面焊前，将打底层表面的飞溅物清理干净，打磨接头凸起处，清理喷嘴飞溅物，调试好焊接参数，即可引弧焊接。前半圈焊接在 6 点 30 分处的坡口一侧引弧，引弧后待电弧稳定燃烧后，拉向坡口的另一侧稍做停顿，待熔池金属填满后应回摆，回摆速度要快，眼睛要始终观察熔池的下边缘以及坡口的两侧熔化情况。操作时，由于焊接位置由仰焊位到平焊位会不断地发生变化，当焊枪的角度在不便焊接操作时，应停止焊接，调整好身体的位置后继续进行正常焊接。

在操作过程中，焊丝不得摆出坡口，摆动速度要均匀，熔池间的重叠要一致，这样才能保证焊缝成形美观。焊缝余高不得超过 3mm，施焊至顶部 12 点位置时要继续向前施焊 5~10mm，然后收弧，待熔池冷却后再移开焊枪。

后半圈焊接时，应把前半圈收弧处修磨成斜坡状，在斜坡前 10mm 处的一侧引弧，电弧稳定后拉向斜坡处，待电弧稳定燃烧后，再拉到接头处，待接头良好熔合后，进入正常的焊接，焊至 9 点处建议停止焊接，待调整好身体和焊枪角度后，继续完成后半圈的焊接。

盖面焊焊枪角度与打底焊基本相同。

5. 注意事项

1）CO_2 气体保护焊管对接水平固定焊盖面焊前，将打底焊表面清理干净，保证熔池深入坡口每侧边缘 0.5mm，电弧要在坡口边缘稍做停留。

2）在盖面层焊接时，焊接速度要均匀，熔池深入两侧尺寸要一致，以保证焊缝成形美观。

练习九 CO_2 气体保护焊管对接垂直固定焊

1. 工艺分析

管对接垂直固定焊类似于钢板的横位焊接，其不同的是：在焊接过程中，操作者要不断地沿管子环形焊缝圆周改变焊枪角度，焊缝成形控制较困难，焊缝内部易产生未熔合等缺陷。焊件的错边量、角变形、圆度、间隙大小等对根部未熔合的产生有很大影响，如错边量大于 1mm，极易产生根部未熔合。层间未熔合产生在两层焊缝金属之间，由于焊接参数匹配不当及操作手法不规范，致使焊道两侧与母材结合部位形成尖角，后一层焊道又不能将尖角彻底熔透而产生层间未熔合。因此，焊接参数特别是焊接电流和电弧电压的匹配对焊接质量的影响较大。

CO_2 气体保护焊管对接垂直固定焊接时，多采用低电压、小焊接电流、快焊速（相当于焊条电弧焊的 2~3 倍）的焊法。对于管壁厚度小于 6mm 的管子对接，分为打底和盖面两层焊道进行焊接，焊件组对形式和焊接顺序如图 4-34 所示；对于管壁厚度大于 6mm 的管子对接，一般分为打底、填充、盖面三层焊接，盖面层焊缝为两个焊道，先焊下面的焊道，多采用直线往复运丝法焊接，上面焊道采用直线形运丝法焊接，上面焊道应覆盖下面焊道约 2/3。

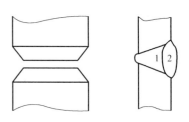

图 4-34 焊件组对形式和焊接顺序

2. 焊前准备

（1）焊件材料 Q235 钢管。

（2）焊件尺寸、数量及几何要求 $\phi108\text{mm}\times5\text{mm}\times100\text{mm}$，一组，V 形坡口，坡口加工角度为 30°±2°，钝边 0.5~0.8mm。

（3）焊接要求 单面焊双面成形。

（4）焊接材料　焊丝 ER49-1（H08Mn2SiA），焊丝直径为 1.0mm。

（5）焊机　NBC1-300 型半自动焊机及配套供气系统，直流反接。

（6）焊前清理　对坡口周围 20mm 范围内的铁锈、油污进行清理，并用角磨机打磨出金属光泽。施焊前，应将焊丝上的油、锈等污物清除干净。

（7）装配　将试件放在平板上，使管子中心线一致，不得出现错边现象，并留出合适的间隙（始焊处留 1.5mm，终焊处留 2.5mm）。焊件装配示意图如图 4-35 所示。

（8）定位焊　采用两点定位（在时钟 10 点和 2 点位置），定位焊时使用的焊丝及焊接参数与正式焊接时相同，定位焊后将定位焊缝两端用角磨机打磨成斜坡状，并将坡口内的飞溅物清理干净。定位焊缝长度为 10mm 左右，要求焊透和保证无焊接缺陷，并将定位焊两端修磨成斜坡。定位焊位置示意图如图 4-36 所示。

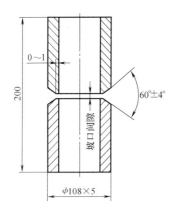

图 4-35　焊件装配示意图

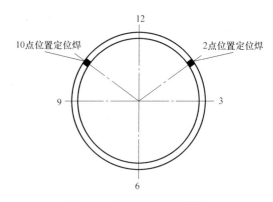

图 4-36　定位焊位置示意图

（9）焊前检查　施焊前应先对电源、送丝机构、焊枪、气瓶和减压流量调节器等分别进行检查，并把流量计调到所需流量，然后再进行试焊，做整体检查。每次焊接前，都应检查并清理导电嘴、喷嘴上的飞溅，并将喷嘴涂以硅油。焊枪的电缆导管应有足够的长度。

3. 焊接参数

CO_2 气体保护焊管对接垂直固定焊焊接参数见表 4-10。

表 4-10　CO_2 气体保护焊管对接垂直固定焊焊接参数

焊接层次	焊丝直径 /mm	焊接电流 /A	电弧电压 /V	运丝方式	气体流量 /(L/min)
打底层	1.0	90~100	18~20	小锯齿形运丝法	10~15
盖面层		100~110	19~21	锯齿形或斜圆圈形运丝法	15~18

4. 操作要领

（1）打底焊　打底焊焊枪角度如图 4-37 所示。

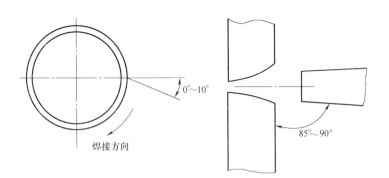

图 4-37　打底焊焊枪角度

　　打底焊时，先在坡口内上侧引弧后再移向坡口下侧，电弧要在坡口内两侧稍做停顿，用电弧将熔化金属送到坡口根部，保证根部熔透，建立第一个熔池，形成完整的透过背面的熔池后，再以小锯齿形摆动焊丝向前施焊。形成熔池后应注意保证熔孔大小一致，以保证坡口两侧各熔化 0.5~0.8mm 为宜。电弧应在熔池中心前方 1mm 处上下摆动，每一个往返动作要使前熔池重叠后熔池 1/3 左右。随着管子弧度的变化，手臂和焊枪应做相应转动，并注意控制焊枪倾角和与试件的夹角。焊接过程中，应避免在坡口中间熄弧（易产生裂纹、冷缩孔）和在坡口下部熄弧（易造成下坡口侧熔化金属下坠）。熄弧时，在坡口上侧缓慢摆动焊丝，待延迟气体结束后方可移开焊枪熄弧。

　　接头时，由于空载电压低，焊丝易成段爆断，故引弧前焊丝伸出长度应调整好，剪去焊丝头部凝固的球状熔滴。引弧位置在原熔孔上侧的坡口内，将电弧拉到熄弧处进行接头部位的焊接。

　　（2）盖面焊　盖面焊前先清理打底焊道的焊渣和飞溅物，打磨打底焊道中接头凸起，进行盖面层焊接的焊枪角度和打底层焊接基本相同。焊接过程中，电弧应在坡口两侧稍做停留，停留时间以焊缝与母材圆滑过渡、余高不超标为准。焊枪端部的焊丝采用锯齿形或斜圆圈形摆动，摆动幅度要比打底层焊接大一些，熔池边缘超过坡口棱边一般为 0.5~1mm。

　　5. 注意事项

　　1）焊接过程中，在盖面焊道与打底焊道之间下坡口处容易产生侧壁未熔合缺陷。产生未熔合的主要原因：打底焊时，熔池铁液受重力作用下坠，加上电弧吹力受坡口阻碍形成的反作用力，铁液粘连到下坡口表面形成未熔合。

　　2）盖面焊时，由于焊道上缘易出现咬边，多数操作者焊接时，使焊丝与下坡口面的夹角过小，造成熔池下方熔深过浅，使下坡口处焊缝出现未熔合，在焊接过程中要加以注意。

模块五

手工钨极氩弧焊操作

练习一　手工钨极氩弧焊基本操作

手工钨极氩弧焊是一种两手同时操作的焊接方法，焊接操作时，一只手拿焊枪，另外一只手拿焊丝，左右手配合的协调性较难掌握，操作不当易造成气孔夹钨、咬边、内凹等缺陷。为避免焊接缺陷的产生，必须从焊前准备、焊接参数选择、焊接基本操作等方面加以控制。

1. 钨极的选用

1）根据焊件材质规格，选择焊丝牌号、规格和钨极牌号。焊丝选得太细，生产率低，给焊缝中带入较多的杂质，影响焊缝质量。

2）根据所用焊接电流种类、焊件特性和焊丝规格，确定钨极直径，选择端部形状。选用钨极时，要注意钨极尖端角度的大小会影响钨极的许用电流、引弧及稳弧性能。钨极直径及端部形状应根据焊接电流大小来选择。在小焊接电流焊接时，应选用较小的钨极直径和较小的锥角，可使电弧容易引燃和稳定，避免钨极熔化和蒸发，以及出现电弧不稳和焊缝夹钨等现象；在大焊接电流焊接时，增大锥角可避免尖端过热熔化，减少损耗，避免出现电弧漂移或偏弧现象，并防止电弧往上扩展而影响阴极斑点的稳定性。

钨极尖端角度对焊缝熔深和熔宽也有一定影响。减小锥角，焊缝熔深减小，熔宽增大，反之则熔深增大，熔宽减小。

一般来说，直径为 2.5mm 的钨极用得比较多，它的电流适应范围为 150 ~ 250A。钨极直径一般应大于或等于焊丝直径，焊接薄焊件或熔点低的铝镁合金件时，钨极直径略小于焊丝直径；焊接中厚焊件时，钨极直径等于焊丝直径；焊接厚焊件时，钨极直径大于焊丝直径。

2. 焊接参数的选择

（1）焊接电流的选择　　焊接电流是手工钨极氩弧焊最重要的参数之一。焊接电流太小，难以控制焊道成形，容易形成未熔合和未焊透等缺陷，同时会造成生产率降低，浪费保护气体；焊接电流太大，容易形成焊缝凸起或烧穿等缺陷，熔池温度过高时还会使焊道成形不美观，甚至会出现咬边。根据经验，焊接电流的安培数一般按钨极直径毫米数的 30～55 倍计算，交流电源选下限，直流正接选上限。当钨极直径小于 3mm 时，从计算值减去 5～10A；当钨极直径大于 4mm 时，计算值再加 10～15A。同时，应注意焊接电流不能大于钨极的许用电流。焊接电流和相应的电弧特征如图 5-1 所示。

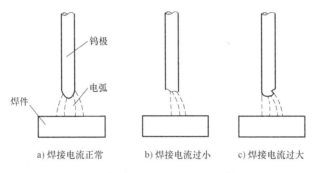

图 5-1　焊接电流和相应的电弧特征

（2）电弧电压的选择　焊接电弧电压主要由电弧长度决定。电弧长度增加，容易产生未焊透的缺陷，并使保护效果变差，因此应在电弧不短路的情况下，尽量控制电弧长度。一般电弧长度近似等于钨极直径，并据此来确定电弧电压。

（3）喷嘴直径的选择　喷嘴直径的大小直接影响保护区的范围，一般根据钨极直径来选择。喷嘴直径过大，散热快，焊缝宽，焊速慢，而且影响焊工的视线。在保证保护效果不变的情况下，随着喷嘴直径的增大，气体流量也必须随之增大，从而造成氩气浪费；喷嘴直径过小保护效果变差，又容易被烧坏，满足不了大电流焊接要求。

喷嘴的内径与钨极直径的关系为

$$D = (2.5 \sim 3.5) d_\mathrm{w}$$

式中　D——喷嘴内径（mm）；

$\quad\quad d_\mathrm{w}$——钨极直径（mm）。

特别说明：钨极的伸出长度不能超过其喷嘴的内径，否则焊接过程中容易产生气孔。

（4）气体流量的选择　流量太小，喷出来的气流挺度差，轻飘无力，容易受外界气流的干扰，影响保护效果，同时电弧也不能稳定燃烧，焊接中可以看到有氧化物在熔池表面漂移，焊缝发黑而无光亮。流量太大，不但会浪费保护气体，还会使焊缝冷却过快，不利于焊缝成形，同时容易形成湍流而卷入空气，破坏保护效果。所以，要在保证保护效果良好的前提下，应尽量减小气体流量。流量合适时，熔池平稳，表面明亮无渣，无氧化痕迹，焊缝成形美观。

气体流量主要取决于喷嘴内径和保护气体种类，也与被焊金属的性质、焊接速

度、坡口形式、钨极外伸长度和电弧长度有关。氩气有效保护区域如图5-2所示。气体流量选择的经验公式为

$$Q = (0.8 \sim 1.2)D$$

式中　D——喷嘴内径（mm）；

　　　Q——气体流量（L/mm）。

当 $D \geqslant 12\text{mm}$ 时，系数取 1.2；当 $D < 12\text{mm}$ 时，系数取 0.8。

（5）焊接速度的选择　焊接速度取决于焊件材质和厚度，还应与焊接电流和预热温度相配合，以保证熔深和熔宽。焊接速度过快时，易使气体保护氛围被破坏，焊缝容易产生未焊透和气孔；焊接速度太慢时，焊缝容易烧穿和咬边。所以在焊接过程中，焊工应根据熔池的大小、形状和焊件熔合情况，适时地调节焊接速度。焊接速度对气体保护效果的影响如图5-3所示。

（6）喷嘴与焊件间的距离、钨极外伸长度和电弧长度的选择　在不影响气体保护效果和便于操作的情况下，喷嘴与焊件间的距离、钨极外伸长度和电弧长度越短越好。

喷嘴与焊件间的距离以 8～14mm 为宜。距离过大，气体保护效果差；距离过小，虽对气体保护有利，但能观察的范围和保护区域变小。

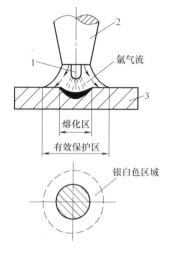

图5-2　氩气有效保护区域
1—喷嘴　2—钨极　3—焊件

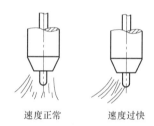

图5-3　焊接速度对气体保护效果的影响

为了防止电弧热烧坏喷嘴，钨极端部应突出喷嘴以外，其伸出长度一般为3～4mm。伸出长度过小，焊接时不便于观察熔化状况，对操作不利；伸出长度过大，气体保护效果会受到一定的影响。

3. 操作手法

手工钨极氩弧焊分为左焊法和右焊法两种，焊接操作手法如图5-4所示。

左焊法焊丝位于电弧前面，该方法便于观察熔池。焊丝常以点移法和点滴法加入，焊缝成形好，容易掌握，因此应用比较普遍。右焊法焊丝位于电弧后面，操作时不易观察熔池，较难控制熔池的温度，但熔深比左焊法深，焊缝较宽，适用于厚板焊接，但比较难掌握。

（1）送丝方式　送丝方式有外填丝和内填丝两种，不论哪种送丝方式，均要求送丝均匀，不能在保护区搅动，以防止卷入空气，产生气孔。

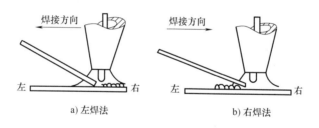

a) 左焊法　　　　　　　b) 右焊法

图 5-4　焊接操作手法

1）外填丝。外填丝法分为连续送丝法和断续送丝法两种。断续送丝法是靠手的反复送拉动作将焊丝端头的熔滴送入熔池，熔化后将焊丝拉回退出熔池，但不离开保护区，焊丝拉回时靠电弧吹力将熔池表面的氧化膜排除掉。焊后焊缝表面呈清晰均匀的鱼鳞状，此方法适用于各种接头，特别是组对间隙小、有垫板的薄板焊缝或角焊缝焊接。断续送丝法容易掌握，初学者多采用这种送丝法，但只适用于小焊接电流、慢焊速、表面波纹粗的焊缝。

当间隙较大或焊接电流不合适时，用断续送丝法就难于控制焊接熔池，背面容易产生凹陷，所以一般采用连续送丝法。连续送丝法是指左手捏焊丝，连续将焊丝送进熔池进行焊接。连续送丝法的优点是生产率高，操作技能容易掌握。连续送丝法的缺点是用于打底焊过程中，操作者看不到钝边熔化和背面余高情况，易产生未熔合或背面成形不良等缺陷。填丝操作如图 5-5 所示，填丝位置比较如图 5-6 所示。

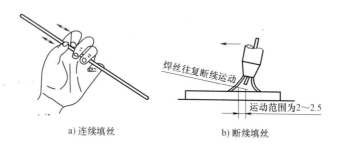

a) 连续填丝　　　　　　b) 断续填丝

图 5-5　填丝操作

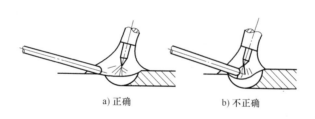

a) 正确　　　　　　b) 不正确

图 5-6　填丝位置比较

2）内填丝。内填丝主要用于打底层焊接，是用左手拇指、食指或中指配合送丝动作，小指和无名指夹住焊丝控制方向，焊丝则紧贴坡口内侧钝边处，与钝边一起熔化进行焊接，要求坡口间隙大于焊丝直径。内填丝的优点是因为焊丝在坡口的背面，可以清晰地看清钝边和焊丝的熔化情况，眼睛的余光也可以看见背面余高的情况，所以焊缝熔合较好，背面余高和未熔合可得到很好地控制。内填丝的缺点是操作难度大，要求焊工有较为熟练的操作技能，因为间隙大，所以焊接工作量相应地增加，工作效率比外填丝要慢。管对接内填丝示意图如图 5-7 所示。

图 5-7 管对接内填丝示意图

（2）焊枪操作

1）摇把焊。摇把焊是把焊嘴稍用力压在焊缝上面，手臂以较大幅度摇动焊枪进行焊接的一种操作方法。其优点是因为焊嘴压在坡口内侧或已焊好的焊缝上，焊枪摇摆具有一定的幅度和摇摆节奏，焊枪在运行过程中比较稳定，喷嘴中的氩气对焊接熔池和热影响区有跟踪保护和冷却的作用，焊缝质量稳定，焊缝外观成形好，产品合格率高。其缺点是学起来很难，因手臂摇动幅度较大，所以无法在有障碍处施焊。摇把焊操作如图 5-8 所示。

图 5-8 摇把焊操作

值得注意的是，摇把焊不是直接用焊嘴在母材上画圆，而是焊嘴下沿在母材上做月牙形或者 Z 字形等轨迹滚摆运动。

2）拖把焊。拖把焊是把焊嘴轻轻靠或不靠在焊缝上面，右手小指或无名指也是靠或不靠在焊件上，手臂摆动小，拖着焊把进行焊接。其优点是容易学会，适应性好，其缺点是成形和质量没有摇把焊好。

焊枪摆动方式及适用范围见表 5-1。

4. 焊接操作

（1）引弧 手工钨极氩弧焊采用非接触引弧，钨极不与焊件接触，可以避免因钨极端头损耗造成引弧处夹钨。施焊时一般采用左焊法，即从右向左进行焊接，右手握焊枪，左手拿焊丝，在焊件右侧定位焊缝上进行引弧。焊枪可横向摆动，但摆动幅度和频率不能太大，以不破坏熔池的保护效果为原则。

表 5-1　焊枪摆动方式及适用范围

焊枪摆动方式	摆动方式示意图	适用范围
直线形		I 形坡口对接焊，多层多道焊的打底焊
锯齿形		对接接头全位置焊，角接接头的立、横和仰焊
月牙形		
圆圈形		厚件对接平焊

（2）焊接　在不妨碍视线的情况下，应尽量采用短弧，以增强保护效果，同时减少热影响区的宽度，防止工件变形。电弧引燃后要在焊接开始的位置预热 3~5s，待形成熔池后开始送丝。焊接时，焊丝焊枪角度要合适，焊丝送入要均匀，焊枪向前移动要平稳。要密切注意熔池的变化，当熔池变大、焊缝变宽或出现下凹时，要加大焊接速度或重新调小焊接电流；当熔池熔合不好和送丝有送不动的感觉时，要降低焊接速度或加大焊接电流。如果是打底焊，注意力应集中在坡口的两侧钝边处，要随时注意焊缝背面余高的变化情况。

（3）收弧　氩弧焊一般采用电流衰减法熄弧，熄弧时为避免产生弧坑，应在熄弧处拉长电弧，熄弧处应重叠原焊缝 10~15mm，在重叠部分不加或少加焊丝，焊枪在收弧位置应稍做停留，延迟送气，防止金属在高温下继续氧化。

5. 注意事项

1）由于焊接时能量集中，温度高，紫外线强度远大于焊条电弧焊，所以必须戴有滤光片的头罩，同时，必须穿戴工作服（系领口）、手套等，做好个人防护劳动保护。

2）手工钨极氩弧焊过程中，焊丝和钨极不能相碰，焊丝端头应始终处于氩气保护区内。

3）焊枪喷嘴内壁的光洁度很重要，若内壁有飞溅等杂物，不仅会脱落到熔池影响焊缝质量，还会引起保护气流动受阻及气流分散，所以要经常清理或更换。

4）手工钨极氩弧焊为左右手配合操作，双手配合的协调性很重要，所以初学者应加强这方面的基本功训练。

练习二　手工钨极氩弧焊板对接平焊

1. 工艺分析

钨极氩弧焊板对接平焊分为不开坡口的对接平焊和开坡口的对接平焊两种。不开坡口的对接平焊是在平敷焊的基础上延伸的一种焊接方式，其具体的操作技术与平敷焊大致相同，在此不再详细讨论。本练习重点介绍开坡口的板对接平焊。

手工钨极氩弧焊板对接平焊一般采用左焊法。对于较薄焊件（6mm左右），按焊接层次一般分为三层三道进行焊接。

2. 焊前准备

（1）焊件材料　Q235钢板。

（2）焊件尺寸及数量　300mm×100mm×6mm，两块。

（3）焊接要求　单面焊双面成形。

（4）焊接材料　焊丝为ER50-6，氩气纯度为99.99%。

（5）焊机　WS-400型焊机，采用直流正接。使用前应检查焊机各处的接线是否正确、牢固、可靠，按要求调试好焊接参数。

（6）钨极类型　铈钨极（放射性小，引弧性能好）。

（7）焊前清理　清理坡口及其正反面两侧20mm范围内和焊丝表面的油污、锈蚀、水分，直至露出金属光泽。

（8）装配及定位焊　始焊端装配间隙为1.2～2.0mm，错边量≤0.6mm。焊件装配示意图如图5-9所示。定位焊焊缝长度为10～15mm，将焊缝接头预先打磨成斜坡。

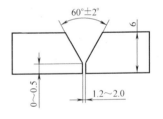

图5-9　焊件装配示意图

3. 焊接参数

手工钨极氩弧焊薄板对接平焊焊接参数见表5-2。

表5-2　手工钨极氩弧焊薄板对接平焊焊接参数

焊接层次	焊接电流 /A	电弧电压 /V	氩气流量 /(L/min)	钨极直径 /mm
打底层	80～100			
填充层	90～100	10～14	8～10	2.5
盖面层	100～110			

钨极尺寸及伸出长度如图5-10所示。

4. 操作要领

（1）打底焊

1) 引弧。采用左焊法，将焊件装配间隙大的一端放在左侧，在焊件右端定位焊缝上引弧，这样既易观察熔池情况，又能使电弧更好地保护熔池。引弧时采用较长的电弧（弧长为 4~6mm），在坡口处预热 3~5s，当定位焊缝左端熔池形成并出现熔孔后开始送丝。

2) 焊接。焊接打底层时，采用较小的焊枪倾角和较小的焊接电流。焊枪及焊丝与焊件的夹角如图 5-11 所示。

焊接过程中，焊丝送入要均匀，焊枪移动要平稳、速度要基本一致。要密切注意焊接熔池的变化，随时调节有关焊接参数，保证背面焊缝成形良好。当熔池增大、焊缝变宽且不出现下凹时，说明熔池温度过高，应减小焊枪与焊件

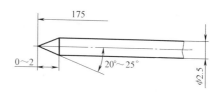

a) 钨极尺寸

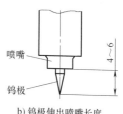

b) 钨极伸出喷嘴长度

图 5-10　钨极尺寸及伸出长度

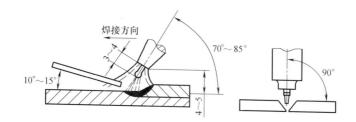

图 5-11　焊枪及焊丝与焊件的夹角

的夹角，加快焊接速度；当熔池减小时，说明熔池温度过低，应适当增加焊枪与焊件的夹角，减慢焊接速度。

3) 接头。在更换焊丝或暂停焊接时需要接头。这时松开焊枪上的按钮（使用接触引弧焊枪时，应立即将电弧移至坡口边缘上快速灭弧），停止送丝，借助焊机电流衰减熄弧，但焊枪仍需对准熔池进行保护，待其完全冷却后方能移开焊枪。若焊机无电流衰减功能，应在松开按钮后稍抬高焊枪，等电弧熄灭、熔池完全冷却后移开焊枪。接头时，应先检查接头熄弧处的弧坑质量，如果无氧化物等缺陷，则可直接进行接头焊接。如果有缺陷，则必须将缺陷修磨掉，并将其前端打磨成斜面，然后在弧坑右侧 10~15mm 处引弧，缓慢向左移动，待弧坑处开始熔化形成熔池和熔孔后，继续填丝焊接。

4) 收弧。当焊至焊件末端时，应减小焊枪与焊件的夹角，使热量集中在焊丝上，加大焊丝熔化量以填满弧坑。用衰减法收弧，即切断控制开关后，焊接电流逐

渐减小，熔池也随之减小，此时将焊丝抽离电弧（但不离开氩气保护区）。停弧后，氩气延时 5~8s 关闭，从而防止熔池金属在高温下氧化或者产生缩孔和裂纹。

（2）填充焊　焊前对打底层焊缝进行清理。填充焊时，钨极、焊枪、焊丝的角度与打底层焊接相同。焊接过程中，焊枪可做锯齿形横向摆动，摆动幅度比打底焊要宽，在焊缝的夹角处应稍做停顿，使夹角处更好地熔合，防止未焊透、未熔合等缺陷。填充层焊接完成后的焊缝应比坡口低 1~1.5mm，以免坡口边缘熔化导致盖面层焊接产生咬边或焊偏现象。

（3）盖面焊　焊前对填充层焊缝进行清理。盖面焊时，钨极、焊枪、焊丝的角度与填充焊相同。施焊时电弧做锯齿形摆动，摆幅比填充焊要大一些，保证熔池两侧超过坡口边缘 0.5~1mm，摆幅要一致，送丝速度要均匀。电弧摆动到坡口两边缘时稍做停顿，使焊缝熔合良好，避免产生咬边等缺陷。焊接过程中要尽量保持熔池形状和大小，以保证焊缝成形美观。

5. 注意事项

1）电弧在氩气中燃烧时，应注意操作的速度和角度及氩气流量，这样能获得成形好、表面光洁的焊缝。

2）为了减小焊缝过热，待前一层焊缝冷却至 60℃ 以下后，再进行下一层焊缝的焊接。

3）钨极氩弧焊不宜在有风的地方焊接。

4）焊接结束后，关闭焊机，用钢丝刷清理焊缝表面。

练习三　手工钨极氩弧焊平角焊

1. 工艺分析

平角焊是指角接接头、T形接头和搭接接头在平焊位置的焊接。因角接接头、T形接头和搭接接头的操作方法类似，在此只介绍 T 形接头手工钨极氩弧焊操作。

手工钨极氩弧焊 T 形接头平角焊操作中，易产生垂直板咬边、未焊透、焊脚下垂（水平板焊脚尺寸偏大）、夹渣等缺陷。一般情况下，焊枪与水平板的夹角相对要大一些，通常为 45°~60°，钨极端部偏向水平面，使熔池温度均匀。厚度不等板组装平角焊时，应给予厚板的热量多些，使两板受热趋于均匀，以保证接头熔合良好。平角焊焊枪角度如图 5-12 所示。

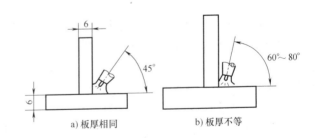

图 5-12　平角焊焊枪角度

手工钨极氩弧焊平角焊一般采用左焊法，钨极对准焊缝中心，焊枪均匀平稳地向前移动。焊丝要断续地向熔池填充金属。焊接过程中，如果发现熔池有下凹现象，一般采用适当减小焊枪角度和加快焊接速度的方法来减缓。如果发现焊缝两侧金属温度低，焊件熔化不良，则要减小焊接速度，增大焊枪角度，直至达到正常焊接。

手工钨极氩弧焊焊接过程中，如果焊接参数选择不当或操作不熟练，很容易产生立板咬边或焊脚尺寸不一致等缺陷。焊接缺陷示意图如图 5-13 所示。

平角焊（板厚为 6mm 左右）一般采用两层三道焊法，打底焊一道，盖面焊两道。

在练习操作时，为了节省材料和装配时间，增加焊缝个数，与焊条电弧焊、CO_2 气体保护焊平角焊一样，建议将板料组装成图 5-14 所示的形式进行焊接，但正式焊接时必须按规范进行装配。

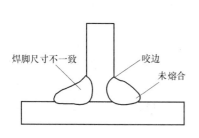

图 5-13　焊接缺陷示意图

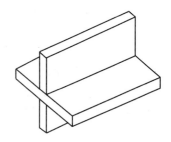

图 5-14　平角焊焊件练习装配形式

2. 焊前准备

（1）焊件材料　Q235 钢板。

（2）焊件尺寸及数量　300mm×100mm×6mm，两块。

（3）焊接材料　焊丝为 ER50-6，钨极选用铈钨极，并将其端部磨成平底锥形，氩气纯度为 99.99%。

（4）焊机　WS-300 型焊机，采用直流正接。

（5）焊前清理　将水平板正面中心两侧 30~50mm 范围内的铁锈、水分等清理干净，再将垂直板接口边缘的 20mm 范围内的铁锈、油污等清理干净。

（6）定位焊　对焊件进行定位焊。定位焊位置应在焊件两端，定位焊缝长度为 5~10mm，定位焊缝的宽度和余高不应大于正式焊缝，如图 5-15 所示。

（7）焊件校正　定位焊后要进行校正，这是焊接过程中不可缺少的工序，它对焊接质量起着重要的作用，是保证焊件

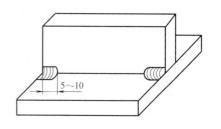

图 5-15　定位焊示意图

外形尺寸的关键。

3. 焊接参数

手工钨极氩弧焊平角焊焊接参数见表 5-3。

表 5-3　手工钨极氩弧焊平角焊焊接参数

焊接层次	钨极直径 /mm	氩气流量 /(L/min)	焊丝直径 /mm	焊接电流/A	电弧电压/V
打底层(1)	2.5	7~10	2.5	85~95	8~12
盖面层(2、3)				75~90	8~10

4. 操作要领

（1）打底焊

1）准备工作结束后，戴上面罩并打开黑镜片，调整好姿势，并稳定好焊枪角度，对准引弧部位，采用左焊法进行焊接。

2）按下黑镜片，打开焊枪上的开关，引燃电弧，引弧部位在焊件右端定位焊缝上。

3）引燃电弧后，慢慢向左移动，当定位焊缝收弧处熔化并形成熔池后，开始送丝焊接，送丝采用捻送焊丝的方法，焊丝端部应始终处于氩气的保护区内，但不能直接插入熔池，应位于熔池前边沿处，边熔化边送丝。送丝动作要干净利落，填送焊丝的动作要熟练、均匀，快慢要适当。填送焊丝过慢时，焊缝会堆积过高；过快，则会出现凹陷或咬边等缺陷。

4）焊接时，焊枪与焊缝倾角为 60°~70°，焊丝与焊缝倾角为 10°~20°，如图 5-16 所示。

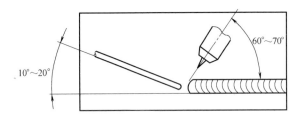

图 5-16　打底焊焊枪及焊丝角度

5）焊接过程中，根据焊脚尺寸要求，焊枪可做或不做横向摆动。如果焊枪做横向摆动，为使初学者能够较快地掌握操作要领，可将焊枪喷嘴靠在两板之间，利用手腕的灵活性做锯齿形的横向摆动。焊枪与焊件的位置关系如图 5-17 所示。

6）横向摆动焊接时，摆动幅度必须要有规律和节奏感，焊枪由 a 点摆动到 b 点时应稍快，并在 b 点稍做停

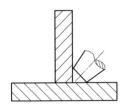

图 5-17　焊枪与焊件的位置关系

留，同时向熔池填加焊丝，焊丝填充部位应稍靠向立板，由 b 点到 c 点时应稍慢，以保证水平板熔合良好。如此反复进行，直至焊完。焊枪锯齿形横向摆动示意图如图 5-18所示。

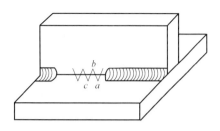

图 5-18　焊枪锯齿形横向摆动示意图

初学者容易出现焊枪摆动与送丝动作不协调、送丝部位不准确、在 b 点停留时间短等问题，易导致立板侧产生咬边。

当焊至焊件末端时，应减小焊枪与焊件的夹角，加大焊丝填充量以填满弧坑，同时为防止产生冷缩孔，收弧时必须将电弧引至坡口一侧后再熄弧，并延时送气3～5s，以防熔池金属在高温下氧化。

（2）盖面焊　盖面层采用一层两道左焊法，焊接下部焊道 2 时，应保证焊脚尺寸 K_1，焊接上部焊道 3 时，应保证焊脚尺寸 K_2，盖面焊缝略呈凹形，焊脚及焊道示意图如图 5-19 所示。为保证焊缝美观，盖面层上部焊道的焊缝一般覆盖下部焊道焊缝的 1/2 左右。上部焊道焊接时，焊接速度要快，增加送丝频率，但应适当减少送丝量。施焊过程中焊枪移动和送丝动作要配合协调，避免焊后出现咬边现象。

盖面层焊接时，下部焊道焊枪角度和上部焊道焊枪角度如图 5-20 所示。

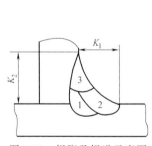

图 5-19　焊脚及焊道示意图

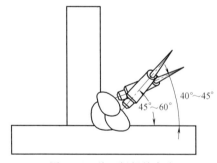

图 5-20　盖面焊焊枪角度

5. 注意事项

1）引弧前应提前送气 5～10s，以排除管路内的空气，待纯氩气流出并气流稳定后方可引弧。

2）焊接过程中，为了送丝方便，在不妨碍焊工视线及操作的情况下，钨极端头以距离喷嘴端面 3～5mm 为宜。

3）平角焊的气体保护性相对较差，焊接时可适当加大氩气流量或者自制挡板增强气体保护效果。

练习四　手工钨极氩弧焊板对接立焊

1. 工艺分析

钨极氩弧焊板对接立焊时，焊枪角度和电弧长短不易保持，熔池金属下坠趋势较明显，焊缝成形不好，易出现焊瘤和咬边等缺陷。因此，焊接过程中要控制好熔池的温度，选用较小的焊接电流和较细的填充焊丝，电弧不宜拉得太长，焊枪下倾角度不能太小。焊丝送进方向以操作者顺手为原则，其端部不能离开保护区，焊枪多采用反月牙形摆动，通过焊枪的移摆与填充焊丝的协调配合，可获得良好的焊缝成形。

立焊操作时，焊件固定在垂直位置，间隙小的一端位于下部，焊接层次为三层三道。

2. 焊前准备

（1）焊件材料　Q235 钢板。

（2）焊件尺寸及数量　300mm×100mm×6mm，两块。

（3）焊接要求　单面焊双面成形。

（4）焊接材料　焊丝为 ER50-6，氩气纯度为 99.99%。

（5）钨极类型　铈钨极（放射性小，引弧性能好）。

（6）焊机　WSE-400 型焊机，采用直流正接。

（7）坡口形式及焊前清理　坡口角度为 60°±2°，钝边为 0.5~1mm。清除焊缝坡口两侧 30~50mm 范围内的氧化膜、油污等。

（8）装配及定位焊　两块焊件应平整装配，定位焊缝长度为 10~15mm。装配间隙大端为 3.5mm，小端为 2.5mm，错边量≤0.5mm，反变形角度为 2°~3°。焊件的装配与定位焊示意图如图 5-21 所示。

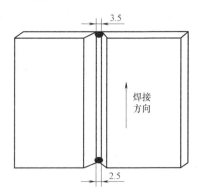

图 5-21　焊件的装配与定位焊示意图

3. 焊接参数

手工钨极氩弧焊板对接立焊焊接参数见表 5-4。

表 5-4　手工钨极氩弧焊板对接立焊焊接参数

焊接层次	焊丝直径/mm	焊接电流/A	电弧电压/V	氩气流量/(L/min)
打底层		85~95	12~14	6~10
填充层	2.5	90~100	12~13	
盖面层		85~100	12~14	6~8

4. 操作要领

将装配好的焊件装夹在焊接支架上，使焊缝垂直于水平面，间隙小的一端作为始焊端，焊接方向由下而上。

（1）引弧　为了确保熔池保护良好，引弧前应提前送气 5～10s，然后将焊枪喷嘴以 45°位置斜靠在坡口内，使钨极端部离母材表面 2～3mm，然后再引弧。引弧后，先对钢板进行预热，待钢板达到熔融状态时，即可开始打底焊。

（2）打底焊　焊枪在始焊端定位焊缝处引燃电弧（钨极端部离熔池的高度为 2mm，太低则易和熔池、焊丝相碰，形成短路，太高则氩气对熔池的保护效果不好），不加或少加焊丝，焊枪在定位焊缝处稍做停留，待加热部分熔化并形成熔孔后，再填加焊丝进行向上焊接。焊枪做"Z"字形窄幅摆动或者反月牙形摆动，摆动动作要平稳，并在坡口两侧稍做停留，以保证两侧熔合良好。焊接时，应注意随时观察熔孔的大小（若发现熔孔不明显，则应暂停送丝，待出现熔孔后再送丝，避免产生未焊透；若熔孔过大，则熔池有下坠现象，应利用电流衰减功能来控制熔池温度，以减小熔孔，避免焊缝背面成形过高）。焊枪向上移动的速度要合适，熔池形状接近为椭圆形为佳。

焊丝与焊枪的运动要配合协调，同步移动。根据根部间隙的大小，焊丝与焊枪可同步直线向上焊接或小幅度左右平行摆动向上施焊。

收弧时，要防止弧坑产生裂纹和缩孔，可采用电流衰减功能，逐渐降低熔池的温度，同时延长氩气对弧坑的保护直至熔池冷却。

接头时，应先在接头处打磨出斜坡状，重新引弧位置在斜坡后 5～10mm 处。当电弧移至坡口内侧时，稍加焊丝，待移动至坡口端部并出现熔孔后，转入正常焊接。

立焊焊枪角度如图 5-22 所示。

（3）填充焊

1）焊接前先对打底层焊缝进行清理。填充层焊接时，焊接电流稍大于打底焊时的电流，焊丝、焊枪与焊件的夹角与打底焊时相同。

2）由于填充层焊缝逐渐变宽，焊枪做"Z"字形或反月牙形摆动幅度比打底焊稍大一些，摆动到坡口两侧时应稍做停顿，使坡口两侧充分熔化，熔合良好。填充层焊缝应

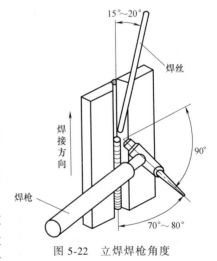

图 5-22　立焊焊枪角度

比焊件表面低 1mm 左右，保持坡口边缘的原始状态，不能熔化坡口的上棱边，为盖面层焊接打好基础。

3）填充层的接头应与打底层的接头错开。接头时，电弧的引燃位置应在弧坑

前 5～8mm 处，引燃电弧后，焊枪端部做横向窄幅摆动，并稍加焊丝使接头平整，随后转入正常焊接。

（4）盖面焊

1）先清理填充层焊缝，再进行盖面层焊接。其操作、焊接参数与填充层焊接基本相同。

2）盖面焊时，焊枪的摆动幅度比填充焊稍大，其余与打底焊相同。焊接时应保证熔池熔化坡口两侧棱边 0.5～1.5mm，并压低电弧，避免产生咬边，同时应根据焊缝的余高确定焊丝送进速度。接头方法与打底焊不同的是，在熔池前 10～15mm 处引弧，摆动要有规律，填丝要适量，使接头处焊缝过渡圆滑，保持焊缝的一致效果，防止出现焊瘤等缺陷。

5. 注意事项

1）下一层焊接前，要对上一层焊缝进行清理，并打磨掉焊道上的局部凸起。

2）焊接过程中，一定要注意控制好焊枪角度和填丝位置。

3）立焊顶端收弧时，待电弧熄灭、熔池凝固后才能移开焊枪，以免局部产生气孔。

练习五　手工钨极氩弧焊板对接横焊

1. 工艺分析

钨极氩弧焊板对接横焊是指焊件在空间位置处于垂直状态，焊接方向与水平面平行的焊接。具有熔化金属的下坠趋势明显、焊缝在坡口中心线两侧分布不均匀的特点。焊接时，要注意掌握好焊枪和填充焊丝的水平角度和垂直角度，如果焊枪角度掌握不好或送丝跟不上，则很可能产生上部咬边、下侧易出现下坠而造成未熔合和成形不良等缺陷。采用较小的焊接电流和多层多道焊等工艺进行焊接，对于抑制熔池金属的下淌倾向具有良好的效果。焊接过程中，通过选择合适的电弧电压、送丝速度，配合合理的焊枪摆动，可获得良好的焊缝成形。

当板厚小于 4mm 时，一般采用不开坡口（I 形坡口）的对接横焊；当板厚大于 4mm 时，为保证焊透，应采用开 V 形坡口形式进行多层多道焊。横焊坡口及焊接层次示意图如图 5-23 所示。

手工钨极氩弧焊板对接横焊采用左焊法，焊枪与焊件的夹角为 70°～80°，焊丝与焊件的夹角为 10°～20°，焊枪、焊丝与焊件的夹角如图 5-24 所示。

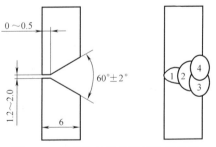

图 5-23　横焊坡口及焊接层次示意图

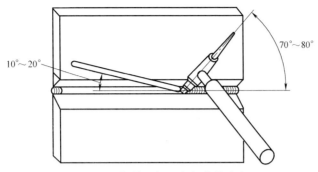

图 5-24　焊枪、焊丝与焊件的夹角

2. 焊前准备

（1）焊件材料　Q235 钢板。

（2）焊件尺寸及数量　300mm×100mm×6mm，两块。

（3）焊接材料　焊丝为 ER50-6，氩气纯度为 99.99%。

（4）钨极类型　铈钨极（放射性小，引弧性能好）。

（5）焊机　WSE-400 型焊机，采用直流正接。

（6）坡口形式及焊前清理　坡口角度为 60°±2°，钝边为 0.5~1mm。清除焊缝坡口两侧 30~50mm 范围内的氧化膜、油污等。

（7）装配及定位焊　两块焊件应平整装配，定位焊缝长度为 10~15mm。装配间隙始端为 2.5mm，终端为 3.5mm，错边量≤0.5mm，反变形角度为 2°~3°。焊件装配与定位焊示意图如图 5-25 所示。

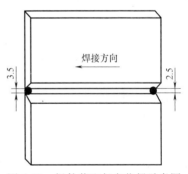

图 5-25　焊件装配与定位焊示意图

3. 焊接参数

手工钨极氩弧焊板对接横焊焊接参数见表 5-5。

表 5-5　手工钨极氩弧焊板对接横焊焊接参数

焊接层次	焊丝直径 /mm	焊接电流 /A	电弧电压 /V	氩气流量 /（L/min）
打底层（1）		85~95	12~14	6~10
填充层（2）	2.5	85~100	12~13	
盖面层（3、4）		90~100	12~14	6~12

4. 操作要领

（1）打底焊　打底层焊接时，要保证根部焊透、坡口两侧熔合良好。

1）在始焊端定位焊缝上引燃电弧，引燃电弧后先不填加焊丝，焊枪在定位焊缝处稍做停留，待加热部分熔化并形成熔孔后，再填加焊丝进行焊接，其送丝方式和送丝部位与平焊相同。横焊焊接填丝位置示意图如图 5-26 所示。

2）焊接时，焊枪可利用手腕的灵活性做轻微的锯齿形摆动，以利于上、下坡口根部的良好熔合，要保证下坡口面的熔孔始终超前上坡口面 0.5～1 个熔孔，以防止熔融金属下坠造成粘接，出现熔合不良的现象，如图 5-27 所示。

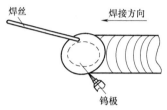

图 5-26　横焊焊接填丝位置示意图

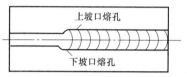

图 5-27　上、下坡口熔孔位置示意图

3）为保证焊接时焊枪摆动的稳定性，可将喷嘴轻贴在焊件的上、下坡口面上进行焊接。焊接过程中，要严格控制焊枪与焊件、焊丝与焊件的角度，否则极易形成熔池金属下坠、熔合不良等缺陷。

4）焊接过程中，要密切注意熔池温度的变化，当熔池增大、焊缝变宽时，说明熔池温度过高；当熔池变小、焊缝变窄时，说明熔池温度过低。

5）接头时要先检查弧坑处有无焊接缺陷，如果有焊接缺陷，应将缺陷彻底清除后再进行焊接；如果没有焊接缺陷，便可直接接头，接头方法与 V 形坡口板对接平焊相同。

（2）填充焊　填充焊之前，应将打底层焊缝进行清理，并将打底层焊缝不规则处清除掉。填充焊时，除焊枪摆动幅度比打底焊稍大外，其焊接顺序、焊枪角度、填丝位置都与打底焊基本相同，焊接操作过程中与打底焊一样。熄弧时应采用加快焊速方法收弧，每次重新引弧时应先将原焊缝重新熔化后，再进行填丝操作，转入正常焊接。填充层焊道应低于坡口棱边 1～1.5mm。

（3）盖面焊　盖面焊有两个焊道，先焊下面的焊道，后焊上面的焊道。盖面焊焊枪角度如图 5-28 所示。

盖面焊之前，应将填充层焊缝进行清理。焊接下部的焊道时，电弧以填充焊焊道的下沿为中心线摆动，使熔池的上沿在填充焊焊道的 1/2～2/3 处，熔池的下沿要超过坡口下棱边 0.5～1.5mm。焊接上部的焊道时，电弧以填充焊焊道上沿为中心线上下窄幅摆动，使熔池的

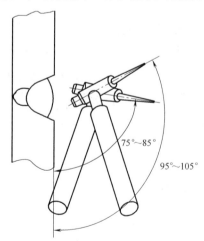

图 5-28　盖面焊焊枪角度

上沿超过坡口上棱边 0.5~1.5mm。

焊接过程中，上部焊道的焊接速度比下部焊道要快一些，送丝频率也相对大一些，但送丝量相对减少。焊枪移动和送丝动作要协调配合，熔池上下边缘超过坡口棱边 0.5~1.5mm 为宜，避免上坡口出现咬边等缺陷。

5. 注意事项

1）焊接过程中要注意两手动作的协调性，避免钨极与焊丝相碰，发生瞬间短路，造成焊缝污染和夹钨。

2）盖面层焊接时，填充焊丝要均匀，不能忽快忽慢，过快会造成焊缝余高增大，过慢会使焊缝下凹或咬边。

3）焊接时要避免上部咬边和下部焊道凸出下坠，电弧热量要偏向坡口下部，防止上部坡口过热。

练习六　手工钨极氩弧焊板对接仰焊

1. 工艺分析

钨极氩弧焊板对接仰焊的特点是：焊件水平固定，坡口朝下，在焊接过程中，焊件倒悬，熔滴受重力作用阻碍其向熔池过渡，氩气保护效果低于其他焊接位置。仰焊时，焊缝背面易产生凹陷，正面易出现焊瘤，成形较为困难。因此，在仰焊过程中，要严格控制熔池温度，操作动作要迅速准确，采用较小的焊接电流、较大的焊接速度和较大的氩气流量，将熔池控制在尽可能小的范围内，加快熔池凝固速度，确保焊缝成形。

焊接时将间隙小的一端放在始焊端。对于厚度为 6mm 左右的钢板，焊接层次一般为三层四道。

2. 焊前准备

（1）焊件材料　Q235 钢板。

（2）焊件尺寸及数量　300mm×100mm×6mm，两块。

（3）焊接材料　焊丝为 ER50-6，氩气纯度为 99.99%。

（4）钨极类型　铈钨极（放射性小，引弧性能好）。

（5）焊机　WSE-400 型焊机，采用直流正接。

（6）坡口形式及焊前清理　坡口角度为 60°±2°，钝边为 0.5~1mm。清除焊缝坡口两侧 30~50mm 范围内的氧化膜、油污等。

（7）装配及定位焊　两块焊件应平整装配，定位焊缝长度为 10~15mm。装配间隙大端为 3~4mm，小端为 2.5~3mm，错边量≤0.5mm，反变形角度为 2°~3°。焊件装配与定位焊示意图如图 5-29 所示。

3. 焊接参数

手工钨极氩弧焊板对接仰焊焊接参数见表 5-6。

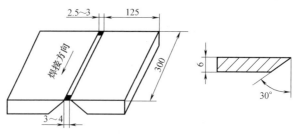

图 5-29　焊件装配与定位焊示意图

表 5-6　手工钨极氩弧焊板对接仰焊焊接参数

焊接层次	焊丝直径 /mm	焊接电流 /A	电弧电压 /V	氩气流量 /（L/min）
打底层（1）		80~90		7~9
填充层（2）	2.5	100~110	12~16	
盖面层（3、4）		90~100		7~10

4. 操作要领

（1）打底焊

1）引弧。在焊件始焊端定位焊缝上用高频引燃电弧，在引弧点稍做停顿，先不填加焊丝，待形成熔池后，慢慢摆动焊枪至定位焊的前端点，再稍做停留形成熔孔后加入焊丝开始正常焊接。注意：熔池不能太大，以防止熔融金属下坠。

焊枪与焊件的夹角为 75°~85°，焊丝与焊件的夹角为 20°~30°，焊枪、焊丝与焊件的夹角如图 5-30 所示。

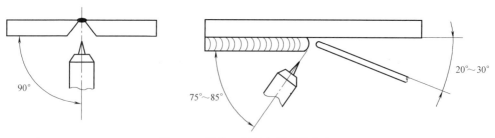

图 5-30　焊枪、焊丝与焊件的夹角

2）焊接。焊接时，以臂肘为支点，用大臂带动小臂，采用短弧焊接（钨极端部距离熔池高度约 2mm）。焊枪做小幅度锯齿形或月牙形横向摆动，在坡口两侧稍做停留，待熔孔形成后，焊丝应立即送入熔池。当焊丝前端送至熔孔处时，向上稍微顶送焊丝，以保证背面焊缝成形良好。每一滴熔滴送入熔池并撤出焊丝后，焊枪做一次横向摆动，以保证熔池与两侧坡口的熔合。

3）接头。当一根焊丝将要焊完需更换另一根焊丝时，先向熔池送入一滴焊丝，焊枪做横向摆动，使熔池与坡口面充分熔合、圆滑过渡，然后利用电流衰减装置慢慢熄灭电弧，停弧后，氩气应延迟保护 5~10s 的时间。

接头时，在弧坑后 8~10mm 的焊缝上引燃电弧，在原处稍做停留，形成熔池后摆至弧坑处，待弧坑熔融金属熔化后再加入焊丝转入正常焊接。前 2~3 滴焊丝的加入量要少些，为正常焊接时送入量的 1/3~2/3，这是因为接头时焊件温度低，熔池散热较快，若加入焊丝过多，熔池温度下降过快，使铁液流动性变差，易造成接头脱节和熔合不良等缺陷。

4）收弧。焊至焊件末端，应减小焊枪与工件的夹角，使热量集中在焊丝上，加大焊丝的熔入量，填满弧坑后灭弧，待熔池冷却后再移开焊枪。

（2）填充焊 填充层焊接前，应先对打底层焊缝进行清理，并将焊缝表面不规则处清除掉。焊枪、焊丝与焊件的夹角同打底焊。施焊时，在焊件始焊端引燃电弧，待形成熔池后加入焊丝，焊枪做锯齿形摆动，摆动幅度比打底焊稍大。焊枪摆至坡口处时要稍做停顿，电弧的轴线应对准打底层焊道与坡口面的夹角处，使夹角处熔合良好。填充层表面与坡口棱边的距离应控制在 0.5~1mm，不能破坏坡口棱边，以便为盖面层的焊接创造良好条件。

（3）盖面焊 盖面层焊接时，焊枪、焊丝与焊件的夹角，焊枪的运动同填充层焊接。焊枪摆幅加大，使熔池熔合坡口两侧 0.5~1.5mm。焊接时，焊枪摆动的步距不要太大，即前后两个熔池的间距不宜过大，应始终使电弧在熔池的前 1/3 处燃烧，以防止产生咬边，获得适当的焊缝高度。

5. 注意事项

1）焊接时要掌握好焊枪角度和送丝位置，力求送丝均匀，保证焊缝成形。

2）填送焊丝时，填丝要均匀，快慢要适当。过快焊缝余高大；过慢则焊缝下凹或咬边。焊丝端头应始终处在氩气的保护区内，撤回焊丝时，不要让焊丝端头撤出保护区，以免焊丝端头被氧化。

3）操作过程中，若不慎使钨极与焊丝相碰，则会造成焊缝污染和夹钨，这时应立即停止焊接，用角磨机将被污染处打磨干净，钨极应重新修磨后方可继续焊接。

4）打底层焊接时，为保证背面焊缝成形良好，要注意观察熔孔大小的变化和控制熔池温度。当熔孔增大、焊缝变宽出现下凹时，说明熔池温度太高，应减小焊枪与焊件的夹角，加大焊接速度；当熔孔变小、焊缝变窄时，说明熔池温度太低，易出现未焊透、内凹等焊接缺陷，应增加焊枪倾角，减小焊接速度。

练习七 手工钨极氩弧焊管对接水平固定焊

1. 工艺分析

钨极氩弧焊管对接水平固定焊的特点是：焊件处于水平位置，按两个半圈进行焊接，从6点钟左右位置起焊，12点钟左右位置收尾，采用两层两道焊，经历仰焊、仰爬坡焊、立焊、上爬坡焊、平焊五种位置的焊接。作为焊接起始部位的仰焊位置，焊接电流较小时，熔池温度上升较慢，熔滴不易过渡，易造成背面焊缝凹陷，正面焊缝下坠。而处于平焊位时背面又容易产生下坠，余高过大，造成正面焊缝凹陷，熔合不良等缺陷。当选择焊接电流较大时，如果双手配合不协调，则易产生烧穿或焊瘤等缺陷。

钨极氩弧焊管对接水平固定焊接时，应选用较合适的焊接电流，调节焊接速度，要求焊接过程中，焊枪摆动幅度、频率、速度及边缘停留时间要配合适当，动作协调一致，并随焊接位置的变化调整焊枪角度，使焊缝表面边缘熔合良好，以保证焊接质量。

2. 焊前准备

（1）焊件 Q235钢管，$\phi 60mm \times 4mm \times 100mm$，一组。单边坡口角度为$30° \pm 2°$，钝边为$0 \sim 0.5mm$。

（2）焊接材料 焊丝为ER50-6，焊丝直径为2.5mm。

（3）钨极 选用直径为2.5mm的铈钨极，修磨钨极端部成30°圆锥角，并修磨直径为0.5mm的小平台。尽量使磨削纹路与母线平行，以延长钨极使用时间。

（4）焊机 WS-400直流钨极氩弧焊机，采用直流正接。

（5）保护气体 选择纯度为99.99%的氩气作为保护气，检查并调整气体流量。

（6）焊前检查 检查设备气路、电路是否接通，钨极端部形状是否合适，清理喷嘴内壁飞溅物，使其干净、光滑，以免保护气通过受阻。

（7）焊前清理 清理坡口两侧正反面25mm范围内的铁锈和油污，直至露出金属光泽，用圆锉、砂布清理管内侧锈蚀及毛刺。

（8）装配间隙 下部6点位置装配间隙约为1.5mm，上部12点位置装配间隙约为2.0mm。

（9）定位焊 采用一点定位，焊缝长度为10mm左右，要求焊牢，不得有气孔、夹渣、未焊透等缺陷。定位焊缝两端应修磨成斜坡状，以利于接头。为减少出现气孔的可能性，在起焊的6点位置不设定位焊固定点。

焊件组装示意图如图5-31所示，定位焊示意图如图5-32所示。

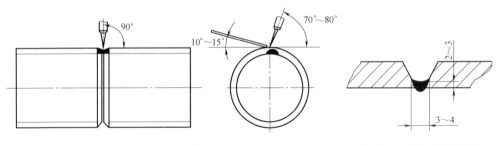

图5-31 焊件组装示意图   图5-32 定位焊示意图

3. 焊接参数

手工钨极氩弧焊管对接水平固定焊焊接参数见表5-7。

表5-7　手工钨极氩弧焊管对接水平固定焊焊接参数

焊接层次	钨极直径/mm	焊接电流/A	电弧电压/V	喷嘴直径/mm	氩气流量/(L/min)	钨极伸出长度/mm
打底层	2.5	90~100	15~17	8~10	5~7	5~7
盖面层		90~95				

4. 操作要领

（1）打底焊　先焊接前半圈，在6点15位置坡口处引弧，钨极与坡口的钝边保持1~1.5mm的间距，电弧长度为2~3mm，引弧后，电弧始终保持在间隙中心，焊丝端头始终处于氩气保护范围内。

焊枪与组对管子的夹角为90°，前进角为80°~90°，加热坡口一侧，待坡口棱边熔化并形成熔池后，填加一个熔滴，移动电弧到坡口另一侧，待棱边熔化并形成熔池后，再填加一个熔滴，两侧搭桥后以锯齿形向上摆动电弧，将坡口棱边熔化0.5~1mm后，电弧在坡口两侧要做适当停顿，以使熔滴与坡口熔合良好。

填加焊丝时一定要准确填入根部，否则，背面会产生凹陷，甚至产生未熔合。焊丝进退要利落，焊丝退出时不能离开氩气保护范围，利用电弧外围热量预热焊丝。

随着焊缝位置的变化逐渐调整焊枪角度和焊丝角度，超过12点位置时，焊枪应与焊接方向成75°~85°的夹角，此时应改变电弧指向，以控制铁液下淌。

在超过12点8~10mm位置开始用电流衰减法收弧，收弧时，在熄弧前向熔池连送两滴焊丝，将熔池移至坡口一侧收弧。熄弧后将喷嘴罩住熔池，待完全冷却变暗后再移开焊枪。焊枪角度和焊丝角度示意图如图5-33所示。

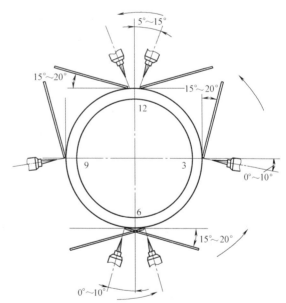

图5-33　焊枪角度和焊丝角度示意图

后半圈焊接从仰焊位置起焊至平焊位置结束，半圈焊接应一次完成，中途最好不停顿。在焊接前，先将接头处打磨出斜坡，在5点45分位置处引燃电弧，焊丝进入氩气保护范围。缓慢移动电弧到坡口根部，熔化坡口棱边0.5~1mm，并在根部形成熔池，将焊丝送进根部熔池，电弧以小锯齿形摆动向 7 点方向移动。与前半圈相同，当焊接到定位焊位置附近时（约一个熔孔长度），电弧大步向前移动一个来回，然后再回到正常焊接的部位，此时不需填加焊丝，待形成新的熔池后再填送焊丝。定位焊处运弧方法如图 5-34 所示。

若中途再度起焊，则要将端头打磨成斜坡，并使焊缝重叠 5~7mm。在超过 12 点 5~10mm 位置开始收弧，收弧时要注意逐渐调整焊枪角度和焊丝填入角度。

（2）盖面焊 用钢丝刷清理打底层氧化皮，盖面层焊接方法与打底层焊接基本相同，在 6 点左右的位置起弧，焊枪可做月牙形或锯齿形摆动，摆动幅度稍大一些，熔化坡口棱边 0.5~1mm 为宜，电弧在坡口两侧应适当停顿，填丝方法为两点式，填丝频率要稍快一些，焊至平焊位置时，应稍多填加填充金属，使焊缝饱满，避免产生咬边，保证熔合良好。同时，应尽量使熄弧位置往前靠，以利于后半圈收弧时接头。盖面层焊接起头与打底层接头应稍微错开 5~10mm 的距离，后半圈的焊接方法与前半圈相同。盖面焊电弧摆动幅度如图 5-35 所示。

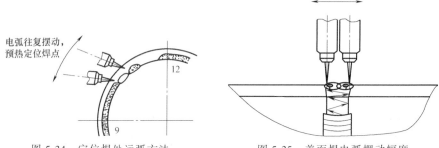

图 5-34　定位焊处运弧方法　　　　图 5-35　盖面焊电弧摆动幅度

盖面层焊接过程中，应注意不得将打底层焊道烧穿，防止焊道下凹或背面剧烈氧化。只有掌握好焊枪角度，送丝到位，送丝均匀，才能保证焊缝成形美观。

5. 注意事项

（1）填丝

1）必须待坡口两侧熔化后才能填丝，以免造成熔合不良。填丝时，焊丝与焊件表面的夹角约为 15°。填丝要均匀，快慢要适当，过快焊缝余高大，过慢则焊缝下凹或咬边，焊丝端头应始终处在氩气保护区内。坡口间隙大于焊丝直径时，焊丝应跟随电弧做同步横向摆动，不得扰动氩气保护层，以防空气侵入。

2）操作过程中，若不慎使钨极与焊丝相碰，则会发生瞬间短路，将产生很大的飞溅和烟雾，造成焊缝污染和夹钨，这时应立即停止焊接，用砂轮磨掉被污染处，直至磨出金属光泽。被污染的钨极，应在别处重新引弧熔化掉污染端部或重新磨尖后，方可继续焊接。

3）撤回焊丝时，不要让焊丝端头撤出保护区，以免焊丝端头被氧化，在下次进入熔池时，造成氧化物夹渣或产生熔孔。

4）小直径的管子对接采用外填丝法，较大直径的管子对接可采用内填丝法，内填丝法如图 5-36 所示。

（2）收弧与接头

1）收弧不当会影响焊缝质量，使弧坑过深或产生弧坑裂纹，甚至造成返修。收弧时，焊把应由内侧坡口处稍向外拉至电弧熄灭，并要注意控制速度，不能过快，以免产生缩孔。

2）接头处所有焊缝无论有无缺陷都要用手砂轮修磨成斜面，然后在焊接方向的反向 10mm 处引弧，将焊把向回移动，直至把原焊缝 3~5mm 长度全部熔化，才开始送丝，直到焊完整个坡口。

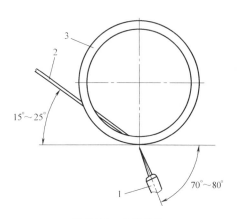

图 5-36 内填丝法
1—焊枪 2—焊丝 3—焊管

3）最后收弧时，一般多采用稍微拉长电弧，重叠原焊缝 5~10mm，在重叠部分不加或少加焊丝，速度要快。停弧后，氩气开关应延时 5~10s 再关闭，以防止金属在高温下继续氧化。

练习八 手工钨极氩弧焊管对接垂直固定焊

1. 工艺分析

钨极氩弧焊管对接垂直固定焊时，管子为垂直位置，环形焊缝处于水平状态，在焊接过程中，焊枪角度沿管子环形焊缝圆周而改变，焊枪与焊接方向夹角一般为 75°~90°，焊丝与管子切线夹角为 10°~20°。

打底焊过程中，易产生熔池铁液下坠和下坡口未熔合等缺陷。盖面焊道上坡口边缘易出现咬边、下坡口处焊缝易出现未熔合等缺陷。

手工钨极氩弧焊小直径管对接垂直固定焊一般采用两层三道焊，打底焊为一层一个焊道，盖面焊为上、下两个焊道，焊缝层次分布如图 5-37 所示。

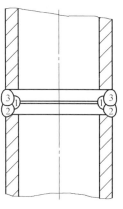

图 5-37 焊缝层次分布

2. 焊前准备

（1）焊件 Q235 钢管，$\phi60mm \times 5mm \times 100mm$，一组。单边坡口角度为 30°±2°，钝边为 0~0.5mm。

（2）焊接材料 焊丝为 ER50-6，焊丝直径为 2.5mm。

（3）钨极 选用直径为 2.5mm 的铈钨极，修磨钨极端部成 30°圆锥角，并修磨直径为 0.5mm 的小平台。尽量使磨削纹路与母线平行，以延长钨极使用时间。

（4）焊机　WS-400 直流钨极氩弧焊机，采用直流正接。

（5）保护气体　选择纯度为 99.99% 的氩气作为保护气，检查并调整气体流量。

（6）焊前检查　检查设备气路、电路是否接通，钨极端部形状是否合适，清理喷嘴内壁飞溅物，使其干净、光滑，以免保护气通过受阻。

（7）焊前清理　清理坡口两侧正反面 25mm 范围内的铁锈和油污，直至露出金属光泽，用圆锉、砂布清理管内侧锈蚀及毛刺。

（8）装配及定位焊　管子中心线要对正，始焊处装配间隙为 1.5~2.0mm，终焊处装配间隙为 2.0~2.5mm，错边量 ≤0.5mm。在坡口内定位焊，定位焊位置在 10 点和 2 点钟位置，定位焊缝长度为 8~10mm，要求焊牢，不得有气孔、夹渣、未焊透等缺陷。定位焊缝两端应修磨成斜坡状，以利于接头。定位焊缝质量与正式焊缝同样要求。

3. 焊接参数

手工钨极氩弧焊管对接垂直固定焊焊接参数见表 5-8。

表 5-8　手工钨极氩弧焊管对接垂直固定焊焊接参数

焊接层次	钨极直径 /mm	氩气流量 /(L/min)	焊丝直径 /mm	焊接电流 /A	电弧电压 /V
打底层(1)	2.5	7~10	2.5	80~90	8~10
盖面层(2、3)				75~90	6~8

4. 操作要领

（1）打底焊　将组装好的焊件垂直固定在焊接支架上，可选用沿逆时针方向焊接。焊接时，为了防止上部坡口过热、母材熔化过多或在焊缝背面形成焊瘤，焊接电弧热量应较多集中在坡口下部，并保持合适的焊枪与焊丝的夹角，使电弧对熔化金属有一定的向上推力，从而避免在焊缝背面形成焊瘤。打底焊焊枪角度如图 5-38 所示。

在间隙最小处（1.5mm）引弧，先不加焊丝，焊枪开始缓慢向前移动，对根部两侧加热 2~3s，待坡口根部熔化形成熔池后，将焊丝轻轻地向熔池里捻送一下，电弧在坡口内做小幅摆动，将熔化金属送到坡口根部，使坡口钝边熔化形成熔池。

打底焊缝的厚度控制在 2~3mm 为宜，当遇到定位焊缝时，为使接头良好，应该停止送丝或减少送丝，可将焊接电弧移至定位焊缝始端，让电弧将定位焊缝及坡口根部充分熔化并和熔池连成一体后，再送丝继续焊接。

填充焊丝时，焊枪做小幅度横向摆动并向左均匀移动，将焊丝以往复运动方式间断地送入电弧内的熔池前方，在熔池前呈滴状加入。焊丝送进要有规律，不能时快时慢，以保证焊缝成形美观。

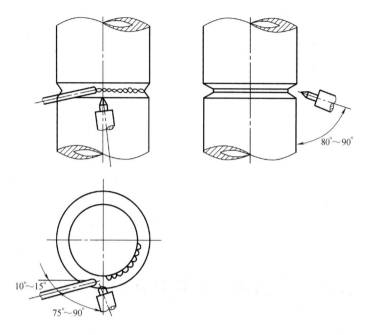

图 5-38　打底焊焊枪角度

（2）盖面焊　盖面焊时，除焊枪横向摆动幅度稍大些外，还要注意控制坡口两侧熔化一致，盖面焊操作要求同打底焊。盖面焊缝由上、下两道组成，先焊下部焊道，后焊上部焊道。焊接下部焊道时，焊接电弧对准打底焊道的下沿，使熔池下沿超出管子坡口边缘 0.5～1.5mm，熔池上沿覆盖打底焊道的 1/2～2/3。焊接上部焊道时，电弧对准打底焊道的上沿，使熔池上沿超出管子坡口边缘 0.5～1.5mm。熔池下沿与下部焊道应圆滑过渡，焊接速度可适当加快，送丝频率也要加快，但是送丝量要适当减少，以防止熔池金属下淌和产生咬边。盖面焊焊枪角度如图 5-39所示。

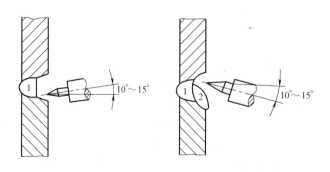

图 5-39　盖面焊焊枪角度

手工钨极氩弧焊管对接垂直固定焊过程中，当操作者移动位置暂停焊接时，应按收弧规范进行操作。收弧时，先将焊丝抽离电弧区，但不要脱离氩气保护区，同时切断电源，焊接电流衰减熄弧。电弧熄灭后，延时送气 5～10s，防止高温焊丝端部及收弧处氧化。继续焊接时，焊前应将收弧处修磨成斜坡并清理干净，在斜坡上引弧移至离接头 8～10mm 处，焊枪不动，当获得明亮清晰的熔池后，即可填加焊丝，继续正常焊接。

5. 注意事项

1）每层焊完后必须及时对焊缝进行清理，但不得破坏焊缝正反面成形。

2）钨极端部形状对焊接电弧燃烧的稳定性及焊缝的成形影响很大。在使用直流电时，钨极端部呈锥形易于引燃电弧，并且电弧比较稳定。钨极端部的锥度对焊缝也有影响，减小圆锥角可减小焊道的宽度，增加焊缝的熔深，焊接过程中应保持钨极磨削后几何形状的均一性。

练习九　氩电联焊管对接斜 45°固定焊

1. 工艺分析

氩电联焊管对接斜 45°固定焊是介于垂直固定管和水平固定管焊接之间，采用氩弧焊进行打底焊，再用焊条电弧焊进行填充层、盖面层焊接的一种焊接方法。氩电联焊的方法多用于重要或质量要求较高的管道焊接操作中。

管对接斜 45°固定焊分为两个半圈进行，每半圈都包含斜仰、斜立、斜平三种焊接位置。熔池处于上下、左右不对称状态，特别是斜立位置容易出现焊瘤，斜仰位置容易出现未焊透和内凹等缺陷，操作难度较大。

打底层的焊接，要求操作者要熟练掌握小管水平固定及垂直固定位置焊接后，才能逐渐向该项目过渡。焊接过程中，要正确选用焊接参数，应注意观察并控制好熔池大小、温度和形状，适时地调整焊枪角度和电弧长度。掌握好运枪或运条步法以及摆动幅度和坡口两侧的停留时间，做到两手的良好协调配合，为焊出优良焊缝打下良好的基础。

填充层和盖面层在仰焊位置焊接时，焊枪应做斜拉摆动，在坡口上侧多做停留。在平焊位置焊接时，焊条斜拉方向与仰焊位置相反，应尽可能地保持熔池为水平状态，避免出现坡口上侧咬边、坡口下侧液态金属下坠而堆积的缺陷。焊件装配示意图如图 5-40 所示。

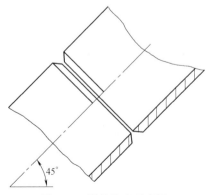

图 5-40　焊件装配示意图

2. 焊前准备

（1）焊件 Q235 钢管，$\phi108mm×8mm×100mm$，一组。单边坡口角度为30°±2°，钝边为0~0.5mm。

（2）焊接材料 焊丝为 ER50-6，焊丝直径为2.5mm；焊条为 E5015，焊条直径为3.2mm，用前烘至300~350℃，恒温 2h，随用随取。

（3）钨极 选用直径为2.5mm的铈钨极，修磨钨极端部成30°圆锥角，并修磨直径为0.5mm的小平台。尽量使磨削纹路与母线平行，以延长钨极使用时间。

（4）焊机 YC400TX 氩电联焊焊机。

（5）保护气体 选择纯度为99.99%的氩气作为保护气，检查并调整气体流量。

（6）焊前检查 检查设备气路、电路是否接通，钨极端部形状是否合适，清理喷嘴内壁飞溅物，使其干净、光滑，以免保护气通过受阻。

（7）焊前清理 清理坡口两侧正反面25mm范围内的铁锈和油污，直至露出金属光泽，用圆锉、砂布清理管内侧锈蚀及毛刺。

（8）装配及定位焊 管子中心线要对正，焊件装配坡口角度为60°±4°，装配间隙为1.5~2.0mm，错边量≤0.5mm。时钟10点和2点处为定位焊缝位置，定位焊缝长度为8~10mm。定位焊应按工艺要求焊接，必须焊透，但焊缝不能太厚，不得有气孔、夹渣、未焊透等缺陷。定位焊焊完后将两端修磨成斜坡状，以免焊接到定位焊缝接头处时，根部熔合不好而产生焊接缺陷。

3. 焊接参数

氩电联焊管对接斜45°固定焊焊接参数见表5-9。

表 5-9 氩电联焊管对接斜45°固定焊焊接参数

焊接层次	钨极直径 /mm	焊丝或焊条直径/min	焊接电流 /A	电弧电压 /V
打底层	2.5	2.5	95~100	8~12
填充层		3.2	100~120	
盖面层			100~110	

4. 操作要领

将焊件固定于斜45°位置开始焊接。

（1）打底焊 斜45°固定管对接打底焊分两半圈完成。打底层焊接焊枪、焊丝与焊件的夹角如图5-41所示。

在焊接时，为保证坡口上侧和坡口下侧的受热量均匀，应通过焊枪的摆动和左右平行运动使熔池始终保持在水平位置上，在保证焊透的情况下，焊接速度应快一些。起焊时，在时钟5点45分处引弧。引弧后，控制弧长为2~3mm，焊枪暂留在引弧处不动，待钝边处熔化并形成明亮清晰的熔池后，开始从坡口钝边处采用间断送丝法进行送丝，焊丝尽量送至坡口间隙内部，焊枪做稍有横向小摆动的向上运动。

在整个施焊过程中，焊丝送进的位置位于熔池前方，送丝要均匀，送丝量要适中，动作要连贯。焊丝端部不得抽离保护区，以避免氧化，影响焊接质量。从引弧位置到定位焊缝位置要尽量一气呵成，使焊缝背面成形饱满、美观，焊接速度要稍快一些。

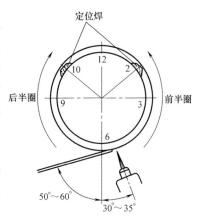

图 5-41 打底层焊接焊枪、焊丝与焊件的夹角

（2）填充焊 填充层焊接的起焊点与打底层焊接的起焊点要错开 10~15mm。填充层焊接相对比较容易，使用 φ3.2mm 的焊条，采用斜圆圈形运条法，电弧在上坡口处停顿时间要比在下坡口处稍长，焊条与管子切线方向的夹角比常规的焊条电弧焊管对接斜 45°固定焊的打底焊焊接角度大 5°左右，焊接热输入要小一些，一般是将焊接速度略微提高一下。考虑在仰焊位置铁液的流动性及受力情况，焊层要薄，厚度一般控制在 2mm 左右，并且控制焊波呈水平或接近水平方向，以利于熔渣的浮出，防止内部焊接缺陷的产生。填充层焊接后，加工坡口边缘必须清晰可见，填充层焊缝低于母材外表面 0.5~1mm，为保证盖面层焊接的焊缝宽度、直线度等打下基础。

（3）盖面焊 为确保盖面成形质量，盖面层焊接仍使用 φ3.2mm 的焊条。盖面层焊接主要是为了获得良好的外观焊接成形，焊接热输入要相对降低，焊接速度也相应提高。建议操作时采用直流反接，注意焊条角度的变化，尽量压低电弧，采用斜锯齿形或斜圆圈形运条法，控制好熔池温度和形状。

盖面焊参照模块三练习九焊条电弧焊管对接斜 45°固定焊操作方法进行练习。

5. 注意事项

1）打底层焊接过程中，氩气流量过大或过小，钨极伸出长度过长，喷嘴直径过小，施焊的周围有强空气气流流动，施焊过程中焊枪运作不规范，电弧忽长忽短或焊枪角度不正确等均易产生气孔等缺陷。

2）钨极长度伸出量过大，焊枪操作不稳定，钨极与焊丝或钨极与熔池相碰后焊工未能立即终止焊接等均易造成夹钨现象。造成夹钨后应立即停止焊接，用砂轮磨掉被污染处，直至磨出金属光泽。被污染的钨极，应在别处重新引弧熔化掉污染端部或重新磨尖后，方可继续焊接。

3）填充层焊接过程中，要始终控制好熔池的形状和温度，保持熔池处于近似水平状态，防止出现根部焊缝烧穿和铁液下坠。

4）进行下一层操作前，应将前一层焊缝的超高部位及夹渣进行清除。焊件焊完后，用清渣锤、钢丝刷将焊渣、焊接飞溅物等清理干净。

5）盖面层焊接时，一定要使焊波呈水平或接近水平方向，否则成形不好。

依据《焊工：国家职业技能标准（2009年修订）》《人力资源和社会保障部批准，自2009年5月25日起施行）》及职业技能鉴定国家题库焊工（中级）操作技能考试手册，参考CB/T 3802—1997《船体焊接表面检验要求》和三一重工企业标准Q/SY 073 002.1—2010《焊缝质量检验规范 第1部分：外观质量检验要求》，结合全国性焊接技能大赛以及焊工培训、技能鉴定的要求，摘录并整理相关资料，编制焊缝外观质量检验规范及评分标准和焊缝外观检验项目及评分标准见附录表两个附件，供职业教育、职业培训和职业技能鉴定以及学员练习时参照。

附　录

附录 A　焊缝外观质量检验规范（摘录）

表 A-1　对接焊缝外观质量检验项目和要求

（单位：mm）

序号	项目	图示	质量等级	焊缝类型				说明
				A	B	C	D	
1	表面气孔	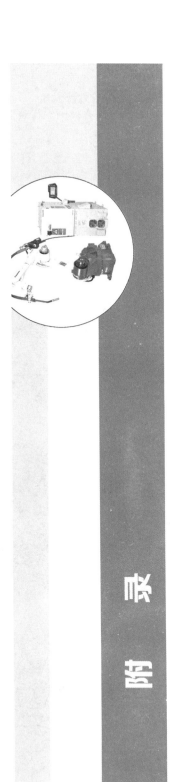表面气孔	I	不允许				可视面不允许，非可视面允许单个小的气孔，气孔直径不大于1/4板厚，最大为1.5
			II					
			III					

133

（续）

序号	项目	图示	质量等级	焊缝类型				说明
				A	B	C	D	
2	表面夹渣	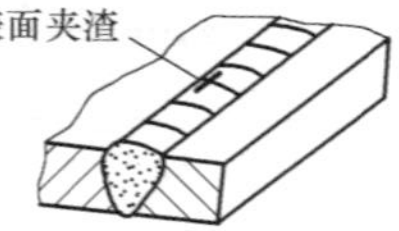 表面夹渣	Ⅰ	不允许				
			Ⅱ				可视面不允许,非可视面允许 50 焊缝长度上有单个夹渣,且直径不大于板厚的 1/4,最大不超过 2（密封焊缝不允许夹渣）	
			Ⅲ				可视面不允许,非可视面允许 50 焊缝长度上有单个夹渣,且直径不大于板厚的 1/3,最大不超过 3（密封焊缝不允许夹渣）	
3	飞溅	沿焊缝方向 100×50 中 $\phi 1$ 以上的飞溅数量	Ⅰ	不允许				
			Ⅱ				可视面不允许有飞溅,非可视面在 100×100 的范围内,$\phi 1$ 以上的飞溅数量不超过两个	
			Ⅲ					
4	裂纹	在焊缝金属及热影响区内的裂纹	Ⅰ	不允许				
			Ⅱ	不允许				
			Ⅲ	不允许				
5	弧坑缩孔	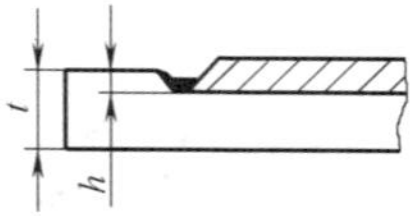	Ⅰ	不允许				
			Ⅱ			可视面不允许,非可视面允许:① $0.5\leqslant t\leqslant3$ 时,弧坑深度 $h\leqslant0.1t$ ② $t>3$ 时,最大 1		
			Ⅲ			弧坑深度 $h\leqslant0.2t$,最大 2		
6	电弧擦伤	由于在坡口外引弧或弧坑造成焊缝邻近母材表面处的局部损伤　电弧擦伤 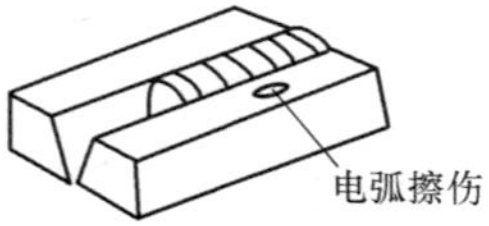	Ⅰ	不允许在焊接接头的外面及母材表面				
			Ⅱ	不允许在焊接接头的外面及母材表面				
			Ⅲ			局部出现应打磨,打磨后呈光滑过渡,打磨后实际板厚不小于设计规定的最小值		

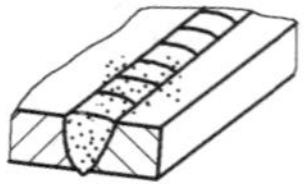

序号	项目	评价指标	等级				
7	焊缝成形	评价焊接过渡、焊波、接头的指标	I	焊缝与母材圆滑过渡，焊波均匀，细密，接头平整			
			II	焊缝与母材圆滑过渡，焊波均匀，接头平整			
			III	焊缝与母材圆滑过渡，接头平整			
8	焊缝余高	（焊缝断面示意图，标注 b、h）	I	$h \leqslant 1+0.05b$，允许局部超过	$h \leqslant 1+0.1b$	$h \leqslant 1+0.1b$	$h \leqslant 1+0.15b$
			II	$h \leqslant 1+0.1b$	$h \leqslant 1+0.1b$，允许局部微小超过	$h \leqslant 1+0.15b$，允许局部微小超过	$h \leqslant 1+0.2b$，允许局部微小超过
			III	$h \leqslant 1+0.15b$	$h \leqslant 1+0.15b$，允许局部超过	$h \leqslant 1.2+0.15b$，允许局部超过	$h \leqslant 1.2+0.2b$，允许局部超过
9	未焊满及凹坑	（焊缝断面示意图，标注 h）	I	不允许			$h<0.2+0.02t$，最大0.6，总长度不超过焊缝全长15%
			II	不允许		$h<0.2+0.03t$，最大0.5，总长度不超过焊缝全长10%	$h<0.2+0.04t$，最大1.0，总长度不超过焊缝全长15%
			III	不允许		$h<0.2+0.04t$，最大1.0，总长度不超过焊缝全长15%	$h<0.2+0.06t$，最大1.5，总长度不超过焊缝全长20%

（续）

序号	项目	图示	质量等级		A	B	C	D	说明
10	错边	①单面焊缝 ②双面焊缝	I	①	$h \le 0.10t$,最大 0.5	$h \le 0.10t$,最大 1	$h \le 0.10t$,最大 1	$h \le 0.10t$,最大 1.5	
				②	$h \le 0.10t$,最大 1	$h \le 0.10t$,最大 1.5	$h \le 0.10t$,最大 2	$h \le 0.10t$,最大 2	
			II	①	$h \le 0.10t$,最大 1.5	$h \le 0.10t$,最大 1.5	$h \le 0.15t$,最大 1.5	$h \le 0.15t$,最大 2	
				②	$h \le 0.15t$,最大 2	$h \le 0.10t$,最大 2	$h \le 0.15t$,最大 3	$h \le 0.15t$,最大 3	
			III	①	$h \le 0.15t$,最大 2	$h \le 0.15t$,最大 2	$h \le 0.15t$,最大 2	$h \le 0.15t$,最大 3	
				②	$h \le 0.15t$,最大 3	$h \le 0.15t$,最大 3	$h \le 0.2t$,最大 3	$h \le 0.2t$,最大 4	
11	焊瘤		I		不允许				
			II		总长度不超过焊缝全长的 5%,单个焊瘤深度 $h \le 0.3$				
			III		总长度不超过焊缝全长的 10%,单个焊瘤深度 $h \le 0.3$				
12	咬边		I		不允许				
			II		$h \le 0.03t$,最大 0.5,总长度不超过焊缝全长的 10%		$h \le 0.03t$,最大 0.5,总长度不超过焊缝全长的 15%		
			III		$h \le 0.03t$,最大 0.5,总长度不超过焊缝全长的 20%		$h \le 0.05t$,最大 0.6,总长度不超过焊缝全长的 20%		
13	焊缝沿长度方向宽窄差	$\Delta C = C_{max} - C_{min}$	I		任意 300 范围内:①$C \le 20$,$\Delta C \le 2.5$;②$20 < C \le 30$,$\Delta C \le 3$;③$C > 30$,$\Delta C \le 4$;且在整个焊缝长度范围内不大于 5				任意 100 范围内
			II						任意 150 范围内
			III						任意 200 范围内

序号	项目	示意图	等级				
14	焊缝宽度尺寸偏差	$\Delta C=C_1-C$ C_1为实际焊缝宽度 C为设计焊缝宽度	Ⅰ	①$C\leq20$，$\Delta C=0\sim2$； ②$20<C\leq30$，$\Delta C=0\sim2.5$； ③$C>30$，$\Delta C=0\sim3$			
			Ⅱ	①$C\leq20$，$\Delta C=0\sim3$； ②$20<C\leq30$，$\Delta C=0\sim4$； ③$C>30$，$\Delta C=0\sim5$			
			Ⅲ				
15	焊缝边缘直线度	f为任意300焊缝长度范围内，焊缝边缘沿轴向的直线度	Ⅰ	$f\leq1.5$			$f\leq2$
			Ⅱ	$f\leq2$			$f\leq2.5$
			Ⅲ	$f\leq2.5$			$f\leq3$
16	焊缝表面凹凸	$g=H_{max}-H_{min}$ g为任意25焊缝长度范围内，焊缝余高$H_{max}-H_{min}$的差值	Ⅰ	$g\leq1$	$g\leq1$	$g\leq1$	$g\leq1.5$
			Ⅱ	$g\leq1.5$	$g\leq1.5$	$g\leq1.5$	$g\leq2$
			Ⅲ	$g\leq2$	$g\leq2$	$g\leq2$	$g\leq2.5$

（续）

序号	项目	图示	质量等级	A	B	C	D	说明
17	根部收缩（缩沟）	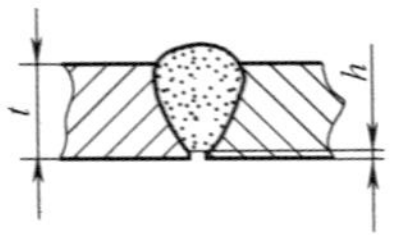	I	不允许				
			II	不允许	$h\leq0.2+0.02t$，最大 0.5，总长度不超过焊缝全长的 10%，局部 $h\leq0.6$	$h\leq0.2+0.02t$，最大 0.5，总长度不超过焊缝全长的 10%，局部 $h\leq0.8$	$h\leq0.2+0.02t$，最大 0.6，总长度不超过焊缝全长的 10%，局部 $h\leq1$	
			III	$h\leq0.2+0.02t$，最大 0.6，总长度不超过焊缝全长的 10%	$h\leq0.2+0.04t$，最大 0.8，总长度不超过焊缝全长的 10%，局部 $h\leq1$	$h\leq0.2+0.04t$，最大 0.8，总长度不超过焊缝全长的 10%，局部 $h\leq1.2$	$h\leq0.2+0.06t$，最大 1，总长度不超过焊缝全长的 10%，局部 $h\leq1.5$	
18	未焊透	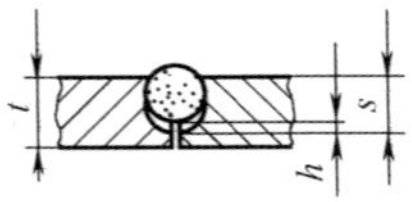 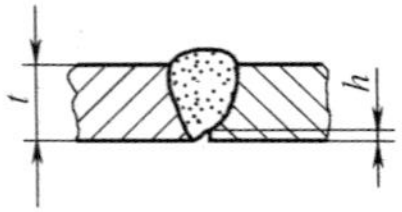	I	不允许				
			II	不允许		不可有可测出的连续缺陷，局部最大缺陷 $h\leq0.1t$，最长 1.5，总长度不超过焊缝全长的 10%	不可有可测出的连续缺陷，局部最大缺陷 $h\leq0.05t$，最长 1，总长度不超过焊缝全长的 10%	
			III	不允许		不可有可测出的连续缺陷，局部最大缺陷 $h\leq0.1t$，最长 1.5，总长度不超过焊缝全长的 10%	不可有可测出的连续缺陷，局部最大缺陷 $h\leq0.05t$，最长 1，总长度不超过焊缝全长的 10%	

续表（对接焊缝外观质量检验项目和要求）

序号	项目	图示	质量等级					说明
19	未熔合	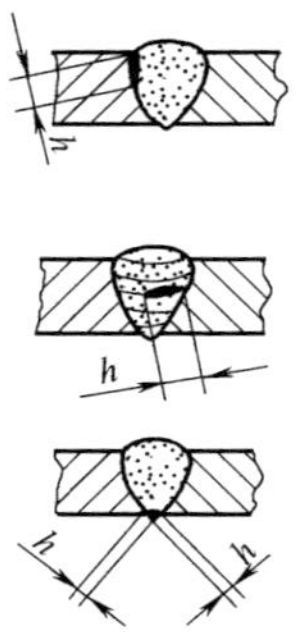	I	不允许				s 为对接焊缝公称厚度
			II	不允许		h≤0.4s，最大4，总长度不超过焊缝全长的10%	h≤0.4s，最大4，总长度不超过焊缝全长的10%	
			III	不允许				
20	根部下塌	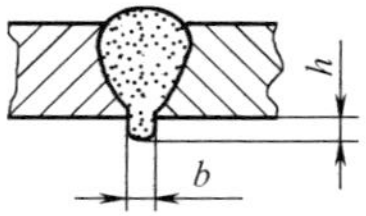	I	h≤1+0.1b，最大2	h≤1+0.2b，最大3	h≤1+0.3b，最大3	h≤1+0.4b，最大3	
			II	h≤1+0.2b，最大3	h≤1+0.3b，允许局部微小超出，但h<3	h≤1+0.4b，允许局部微小超出，但h<4	h≤1+0.5b，允许局部微小超出，但h<4	
			III	h≤1+0.3b，最大4	h≤1+0.4b，允许局部超过，但h<4	h≤1+0.6b，允许局部超过，但h<5	h≤1+0.8b，允许局部超过，但h<5	

表 A-2　角接焊缝外观质量检验项目和要求

（单位：mm）

序号	项目	图示	质量等级	焊缝类型			说明
				A&B	C	D	
1	焊缝超厚	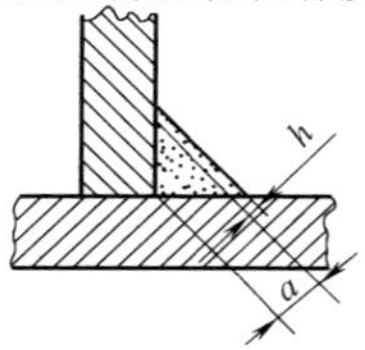	I	h≤1+0.1a，最大3	h≤1+0.1a，最大3	h≤1+0.15a，最大3	角焊缝实际有效厚度过大，a为设计要求厚度
			II	h≤1+0.15a，最大3	h≤1+0.15a，最大3	h≤1+0.2a，最大3	
			III	h≤1+0.15a，最大4	h≤1+0.15a，最大4	h≤1+0.2a，最大4	

（续）

序号	项目	图示	质量等级	焊缝类型			说明
				A&B	C	D	
2	焊缝减薄	角焊缝实际有效厚度不足，a 为设计要求厚度 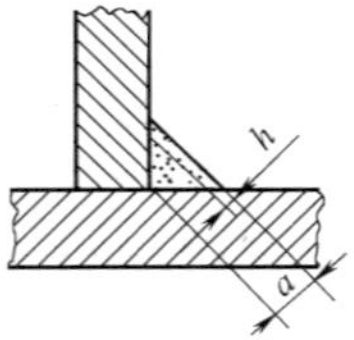	I	不允许			
			II	不允许			
			III	不允许	$h\leq0.3+0.035a$,最大1,总长度不超过焊缝全长的20%	$h\leq0.3+0.035a$,最大1,总长度不超过焊缝全长的20%	
3	凸度过大或凹度过大	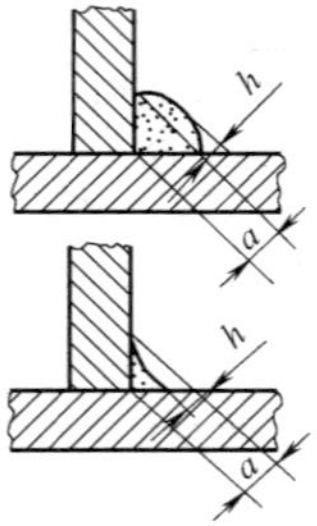	I	$h\leq1+0.06a$,最大3	$h\leq1+0.1a$,最大3	$h\leq1+0.1a$,最大3	
			II	$h\leq1+0.10a$,最大3	$h\leq1+0.12a$,最大4	$h\leq1+0.15a$,最大4	
			III	$h\leq1+0.15a$,最大3	$h\leq1+0.15a$,最大4	$h\leq1+0.2a$,最大5	
4	不等边 h	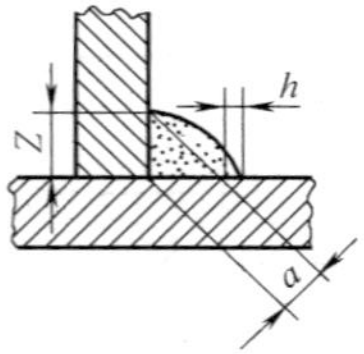	I	$h\leq0.5+0.1Z$	$h\leq0.5+0.1Z$	$h\leq1+0.15Z$	
			II	$h\leq1+0.1Z$	$h\leq1+0.15Z$	$h\leq1.5+0.15Z$	
			III	$h\leq1+0.15Z$	$h\leq1+0.15Z$,允许局部超过	$h\leq2+0.15Z$,允许局部超过	

序号	项目	图例	等级	技术要求	检验范围
5	焊脚尺寸 K	①贴角焊 ②坡口角焊	Ⅰ	①$K_1=t_{min}+(2\sim3)$ ②$K_2=H+(1.5\sim2)$ $0.25t_{min}\le K_3\le t_{min}+1.5$ H表示坡口开口尺寸，t_{min}表示两板间坡口的最小板厚	图样中未对焊脚尺寸做具体要求时参照本规定执行
			Ⅱ	①$K_1=t_{min}+(2\sim4)$ ②$K_2=H+(1.5\sim2.5)$ $0.25t_{min}\le K_3\le t_{min}+2.0$；H表示坡口开口尺寸，$t_{min}$表示两板间坡口的最小板厚	
			Ⅲ	①$K_1=t_{min}+(2\sim4)$ ②$K_2=H+(1.5\sim3)$ $0.25t_{min}\le K_3\le t_{min}+2.5$；H表示坡口开口尺寸，$t_{min}$表示两板间坡口的最小板厚	
6	焊缝宽差 ΔC	$\Delta C=C_{max}-C_{min}$	Ⅰ	①$C\le20,\Delta C<3$ ②$20<C\le30,\Delta C<4$ ③$C>30,\Delta C<5$	任意300范围内
			Ⅱ		任意200范围内
			Ⅲ		任意150范围内
7	角焊缝宽度尺寸偏差 ΔC	$\Delta C=C_2-C_1$ C_1为设计焊缝宽度 C_2为实际焊缝宽度	Ⅰ	①$C_1\le20,\Delta C=-1\sim2$ ②$20<C_1\le30,\Delta C=-1\sim3$ ③$C>30,\Delta C=-2\sim2$	任意300范围内
			Ⅱ	①$C_1\le20,\Delta C=-1\sim2$ ②$20<C_1\le30,\Delta C=-1\sim3$ ③$C>30,\Delta C=-2\sim3$	任意200范围内
			Ⅲ	①$C_1\le20,\Delta C=-1\sim2$ ②$20<C_1\le30,\Delta C=-2\sim3$ ③$C>30,\Delta C=-2\sim4$	任意150范围内

（续）

序号	项目	图示	质量等级	焊缝类型 A&B	C	D	说明
8	焊缝边缘直线度 f	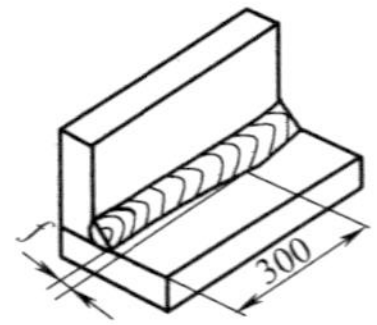	I	$f \leq 1.5$	$f \leq 2$	$f \leq 2$	任意300范围内
			II	$f \leq 2$	$f \leq 2.5$	$f \leq 2.5$	
			III	$f \leq 2.5$	$f \leq 3$	$f \leq 3$	
9	焊缝表面凹凸	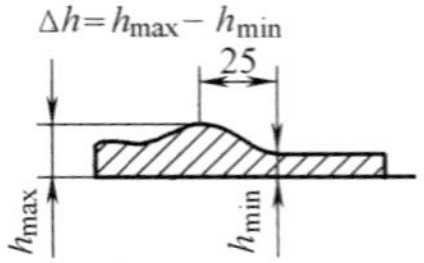	I	$\Delta h \leq 1$	$\Delta h \leq 1.5$	$\Delta h \leq 1.5$	任意25范围内
			II	$\Delta h \leq 1.5$	$\Delta h \leq 2$	$\Delta h \leq 2$	
			III	$\Delta h \leq 2$	$\Delta h \leq 2.5$	$\Delta h \leq 2.5$	
10	咬边 焊缝与母材之间的凹槽	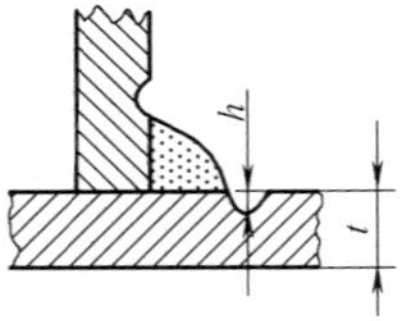	I	不允许	连续缺陷深度 $h \leq 0.2$，局部缺陷深度 $h \leq 0.2$，且总长度不超过焊缝全长的10%	连续缺陷深度 $h \leq 0.3$，局部缺陷深度 $h \leq 0.3$，且总长度不超过焊缝全长的10%	
			II	连续缺陷深度 $h \leq 0.3$，局部缺陷深度 $h \leq 0.3$，且总长度不超过焊缝全长的10%	连续缺陷深度 $h \leq 0.3$，局部缺陷深度 $h \leq 0.3$，且总长度不超过焊缝全长的15%	连续缺陷深度 $h \leq 0.4$，局部缺陷深度 $h \leq 0.4$，且总长度不超过焊缝全长的15%	
			III	连续缺陷深度 $h \leq 0.4$，局部缺陷深度 $h \leq 0.4$，且总长度不超过焊缝全长的20%	连续缺陷深度 $h \leq 0.4$，局部缺陷深度 $h \leq 0.4$，且总长度不超过焊缝全长的20%	连续缺陷深度 $h \leq 0.5$，局部缺陷深度 $h \leq 0.5$，且总长度不超过焊缝全长的20%	
11	焊瘤	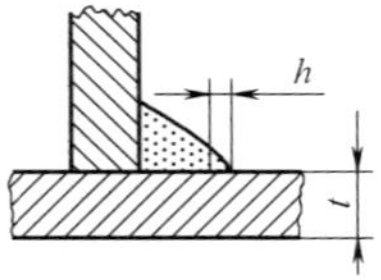	I	不允许			
			II	总长度不超过焊缝全长的5%，单个焊瘤深度 $h \leq 0.3$			
			III	总长度不超过焊缝全长的10%，单个焊瘤深度 $h \leq 0.3$			

序号	缺陷名称	说明	等级	允许标准①	允许标准②
12	表面气孔		I	不允许	
			II	不允许	
			III	在50焊缝长度上,单个气孔直径不大于1/4板厚且最大不超过2,多个气孔孔直径之和不超过4	在50焊缝长度上,单个气孔直径不大于1/4板厚且最大不超过3,多个气孔孔直径之和不超过4
	夹渣		III	在50焊缝长度上,单个气孔直径不大于1/4板厚且最大不超过3,多个气孔孔直径之和不超过6	在50焊缝长度上,单个气孔直径不大于1/4板厚且最大不超过4,多个气孔孔直径之和不超过6
13	弧坑缩孔		I	不允许	
			II	不允许	
			III	①0.5≤t≤3之间,弧坑深度 h≤0.2t ②t>3,弧坑深度0.2t≤h≤2	
14	飞溅		I	不允许	
			II	不允许	
			III	单个的小的只允许出现在焊缝上	单个的小的只允许出现在焊缝和母材上
15	裂纹	在焊缝金属及热影响区内的裂纹	I	不允许	
			II	不允许	
			III	不允许	
16	电弧擦伤	由于在坡口外引弧或起弧而造成焊缝邻近母材表面处的局部损伤	I	不允许在焊缝接头的外面及母材表面	
			II	局部出现应打磨,打磨后呈光滑过渡,打磨处设计板厚不小于实际的实际板厚小于设计规定的最小值	
			III	局部出现应打磨,打磨后呈光滑过渡,打磨处的实际板厚不小于设计规定的最小值	
17	焊缝成形	评价焊接过渡、焊波、接头的指标	I	焊缝与母材圆滑过渡,焊缝均匀,细密,接头平整	
			II	焊缝与母材圆滑过渡,焊缝均匀,接头平整	
			III	焊缝与母材圆滑过渡,焊缝均匀,接头平整	

附录 B　焊缝外观检查项目及评分标准表

表 B-1　板状试件焊条电弧焊外观检查项目及评分标准

板件 300mm×100mm×6mm

检查项目	评判标准及得分	焊缝等级				实际得分
		I	II	III	IV	
焊缝余高	标准/mm	0~2	>2~3	>3~4	>4,<0	
	得分/分	6	4	2	0	
焊缝高低差	标准/mm	≤1	>1~2	>2~3	>3	
	得分/分	4	3	1	0	
焊缝宽度	标准/mm	>16~20	>20~21	>21~22	>22	
	得分/分	3	2	1	0	
焊缝宽窄差	标准/mm	≤1.5	>1.5~2	>2~3	>3	
	得分/分	4	2	1	0	
咬边	标准/mm	0	深度≤0.5且长度≤15	深度≤0.5,长度>15且≤30	深度>0.5或长度>30	
	得分/分	10	8	6	0	
未焊透	标准/mm	0	深度≤0.5且长度≤15	深度≤0.5,长度>15且≤30	深度>0.5或长度>30	
	得分/分	6	5	3	0	
背面焊缝凹陷	标准/mm	0	深度≤0.5且长度≤15	深度≤0.5,长度>15且≤30	深度>0.5或长度>30	
	得分/分	4	3	2	0	
错边量	标准/mm	0	≤0.7	>0.7~1.2	>1.2	
	得分/分	4	2	1	0	
角变形	标准/mm	0~1	>1~3	>3~5	>5	
	得分/分	4	3	2	0	
焊缝正面外表成形	标准	优	良	一般	差	
		成形美观,焊纹均匀细密,高低宽窄一致	成形较好,焊纹均匀,焊缝平整	成形尚可,焊缝平直	焊缝弯曲,高低宽窄明显,有表面焊接缺陷	
	得分/分	5	3	1	0	

表 B-2 管状试件焊条电弧焊外观检查项目及评分标准
管件 φ108mm×8mm

检查项目	评判标准及得分	焊缝等级				实际得分
		Ⅰ	Ⅱ	Ⅲ	Ⅳ	
焊缝余高	标准/mm	0~1	>1~2	>2~3	<0,>3	
	得分/分	4	3	2	0	
焊缝高低差	标准/mm	≤1	>1~2	>2~3	>3	
	得分/分	6	4	2	0	
焊缝宽度	标准/mm	9~12	>12~14	>14~15	>15	
	得分/分	4	2	1	0	
焊缝宽窄差	标准/mm	≤1.5	>1.5~2	>2~3	>3	
	得分/分	6	4	2	0	
咬边	标准/mm	无咬边	深度≤0.5 每2mm扣1分		深度>0.5 0分	
	得分/分	10				
正面成形	标准	优	良	中	差	
	得分/分	6	4	2	0	
背面成形	标准	优	良	中	差	
	得分/分	4	2	1	0	
背面凹	标准/mm	0	>0~1	>1~2	>2	
	得分/分	3	2	1	0	
背面凸	标准/mm	0~0.5	>0.5~1	>1~2	>2	
	得分/分	3	2	1	0	
角变形	标准/mm	0	0~1	1~2	>2	
	得分/分	4	3	1	0	

焊缝外观(正、背)成型评判标准

优	良	中	差
成形美观,焊缝均匀、细密,高低宽窄一致	成形较好,焊缝均匀、平整	成形尚可,焊缝平直	焊缝弯曲,高低宽窄明显

注:表面有裂纹、夹渣、气孔、未熔合等缺陷或出现焊件修补、未完成,该项做0分处理

表 B-3 板状试件 CO_2 气体保护焊外观检查项目及评分标准

板件 300mm×100mm×12mm

检查项目	评判标准及得分	焊缝等级				实际得分
		I	II	III	IV	
焊缝余高	标准/mm	0~2	>2~3	>3~4	>4,<0	
	得分/分	6	4	2	0	
焊缝高低差	标准/mm	≤1	>1~2	>2~3	>3	
	得分/分	4	3	1	0	
焊缝宽度	标准/mm	>16~20	>20~21	>21~22	>22	
	得分/分	3	2	1	0	
焊缝宽窄差	标准/mm	≤1.5	>1.5~2	>2~3	>3	
	得分/分	4	2	1	0	
咬边	标准/mm	0	深度≤0.5且长度≤15	深度≤0.5,长度>15且≤30	深度>0.5或长度>30	
	得分/分	10	8	6	0	
未焊透	标准/mm	0	深度≤0.5且长度≤15	深度≤0.5,长度>15且≤30	深度>0.5或长度>30	
	得分/分	6	5	3	0	
背面焊缝凹陷	标准/mm	0	深度≤0.5且长度≤15	深度≤0.5,长度>15且≤30	深度>0.5或长度>30	
	得分/分	4	3	2	0	
错边量	标准/mm	0	≤0.7	>0.7~1.2	>1.2	
	得分/分	4	2	1	0	
角变形	标准/mm	0~1	>1~3	>3~5	>5	
	得分/分	4	3	2	0	
焊缝正面外表成形	标准	优	良	一般	差	
		成形美观,焊纹均匀细密,高低宽窄一致	成形较好,焊纹均匀,焊缝平整	成形尚可,焊缝平直	焊缝弯曲,高低宽窄明显,有表面焊接缺陷	
	得分/分	5	3	1	0	

表 B-4 管状试件 CO_2 气体保护焊外观检查项目及评分标准
管件 φ108mm×8mm

检查项目	评判标准及得分	焊缝等级				实际得分
		Ⅰ	Ⅱ	Ⅲ	Ⅳ	
焊缝余高	标准/mm	0~1	>1~2	>2~3	>3,<0	
	得分/分	6	4	2	0	
焊缝高低差	标准/mm	≤1	>1~2	>2~3	>3	
	得分/分	4	3	1	0	
焊缝宽度	标准/mm	9~12	>12~14	>14~15	>15	
	得分/分	3	2	1	0	
焊缝宽窄差	标准/mm	≤1.5	>1.5~2	>2~3	>3	
	得分/分	4	2	1	0	
咬边	标准/mm	0	深度≤0.5且长度≤15	深度≤0.5,长度>15且≤30	深度>0.5或长度>30	
	得分/分	10	8	6	0	
未焊透	标准/mm	0	深度≤0.5且长度≤15	深度≤0.5,长度>15且≤30	深度>0.5或长度>30	
	得分/分	6	5	3	0	
背面焊缝凹陷	标准/mm	0	深度≤0.5且长度≤15	深度≤0.5,长度>15且≤30	深度>0.5或长度>30	
	得分/分	4	3	2	0	
角变形	标准/mm	0~1	>1~3	>3~5	>5	
	得分/分	4	3	2	0	
焊缝正面外表成形	标准	优 成形美观,焊纹均匀细密,高低宽窄一致	良 成形较好,焊纹均匀,焊缝平整	一般 成形尚可,焊缝平直	差 焊缝弯曲,高低宽窄明显,有表面焊接缺陷	
	得分/分	5	3	1	0	

表 B-5 板状试件手工钨极氩弧焊外观检查项目及评分标准
板件 300mm×100mm×6mm

检查项目	评判标准及得分	焊缝等级				实际得分
		I	II	III	IV	
焊缝余高	标准/mm	0~0.5	≤1	≤1.5	>1.5,<0	
	得分/分	8	6	5	0	
焊缝高低差	标准/mm	≤0.5	>0.5~1	>1~2	>2	
	得分/分	5	3	1	0	
焊缝宽度	标准/mm	≤9	>9~10	>10~11	>11	
	得分/分	5	3	1	0	
焊缝宽窄差	标准/mm	≤1	>1~1.5	>1.5~3	>3	
	得分/分	7	5	2	0	
咬边	标准/mm	0	深度≤0.5且长度≤10	深度≤0.5,长度>10且≤20	深度>0.5或长度>20	
	得分/分	10	7	4	0	
根部凸出	标准/mm	通球 $\phi=0.85d$(内径)				
	得分/分	5(通过) 0(通不过)				
错边量	标准/mm	0	≤0.7	>0.7~1.2	>1.2	
	得分/分	4	2	1	0	
角变形	标准/mm	0	≤0.5	>0.5~1	>1	
	得分/分	5	3	1	0	
焊缝外表成形	标准	优	良	一般	差	
		成形美观,焊纹均匀细密,高低宽窄一致	成形较好,焊纹均匀,焊缝平整	成形尚可,焊缝平直	焊缝弯曲,高低宽窄明显,有表面焊接缺陷	
	得分/分	5	3	1	0	
正面背面	凡焊缝表面有裂纹、夹杂、未熔合、未焊透、咬边、错边、气孔、焊瘤等缺陷之一,该项为 0 分					

表 B-6　管状试件手工钨极氩弧焊外观检查项目及评分标准

管件 φ42mm×5mm

检查项目	评判标准及得分	焊缝等级				实际得分
		Ⅰ	Ⅱ	Ⅲ	Ⅳ	
焊缝余高	标准/mm	0~0.5	≤1	≤1.5	>1.5,<0	
	得分/分	8	6	5	0	
焊缝高低差	标准/mm	≤0.5	>0.5~1	>1~2	>2	
	得分/分	5	3	1	0	
焊缝宽度	标准/mm	≤9	>9~10	>10~11	>11	
	得分/分	5	3	1	0	
焊缝宽窄差	标准/mm	≤1	>1~1.5	>1.5~3	>3	
	得分/分	7	5	2	0	
咬边	标准/mm	0	深度≤0.5且长度≤10	深度≤0.5,长度>10且≤20	深度>0.5或长度>20	
	得分/分	10	7	4	0	
根部凸出	标准/mm	通球 φ=0.85d(内径)				
	得分/分	5（通过）　0(通不过)				
角变形	标准/mm	0	≤0.5	>0.5~1	>1	
	得分/分	5	3	1	0	
焊缝外表成形	标准	优	良	一般	差	
		成形美观,焊纹均匀细密,高低宽窄一致	成形较好,焊纹均匀,焊缝平整	成形尚可,焊缝平直	焊缝弯曲,高低宽窄明显,有表面焊接缺陷	
	得分/分	5	3	1	0	
正面	凡焊缝表面有裂纹、夹杂、未熔合、未焊透、咬边、错边、气孔、焊瘤等缺陷之一,该项为 0 分					
背面						

参 考 文 献

［1］ 雷世明. 焊接方法与设备［M］. 3 版. 北京：机械工业出版社，2016.

［2］ 杨跃. 典型焊接接头电弧焊实作［M］. 2 版. 北京：机械工业出版社，2016.

［3］ 殷树言. 气体保护焊工艺基础［M］. 北京：机械工业出版社，2007.

［4］ 唐迎春. 焊接质量检测技术［M］. 北京：中国人民大学出版社，2012.

［5］ 姚网. 焊工操作实务［M］. 杭州：浙江科学技术出版社，2005.

［6］ 李荣雪. 金属材料焊接工艺［M］. 2 版. 北京：机械工业出版社，2015.

［7］ 株洲车辆厂教育中心. 中高级电焊工［M］. 北京：中国铁道出版社，2001.

［8］ 许小平. 焊接实训指导［M］. 武汉：武汉理工大学出版社，2003.

［9］ 陈茂爱，陈俊华，韩加强，等. 气体保护焊［M］. 北京：化学工业出版社，2007.

［10］ 冯明河，米光明. 焊工技能训练［M］. 4 版. 北京：中国劳动社会保障出版社，2014.

［11］ 孙景荣. 氩弧焊技术入门与提高［M］. 3 版. 北京：化学工业出版社，2016.

［12］ 唐燕玲，孙俊生，姜奎书，等. 焊工：国家职业技能标准［M］. 北京：中国劳动社会保障出版社，2009.